上海市计算机应用能力考核教学系列丛书

计算机应用能力初级教程

（第六版）

上海市计算机应用能力考核办公室　编

上海交通大学出版社

内容提要

本书为上海市计算机应用能力考核（初级）的第六版教材，仍然综合考虑成熟性、应用广泛性和硬件条件的现实限制，采用 Windows XP、Word 2003，Internet 应用涉及的软件也有所更新。

作为普及性的入门教材，新版依旧保持了一贯的做法：基础知识部分尽可能避免专业化的严格定义而代之以较直观浅显的说明；Windows 部分只介绍最基本的部分操作；文字处理部分舍弃了较复杂的功能；Internet 应用涉及的软件也有所更新。

图书在版编目(CIP)数据

计算机应用能力初级教程/上海市计算机应用能力考核办公室编. —2 版. —上海：上海交通大学出版社，2011

ISBN 978-7-313-03880-7

Ⅰ. 计… Ⅱ. 上… Ⅲ. 电子计算机—教材

Ⅳ. TP3

中国版本图书馆 CIP 数据核字(2009)第 184464 号

计算机应用能力初级教程

（第六版）

上海市计算机应用能力考核办公室 编

上海交通大学出版社出版发行

（上海市番禺路 951 号 邮政编码 200030）

电话：64071208 出版人：韩建民

上海交大印务有限公司 印刷 全国新华书店经销

开本：787mm×1092mm 1/16 印张：10.5 字数：248 千字

2004 年 12 月第 1 版 2011 年 3 月第 2 版 2011 年 3 月第 7 次印刷

印数：3 030

ISBN 978-7-313-03880-7/TP 定价：28.00 元

版权所有 侵权必究

上海市计算机应用能力考核专家组成员

组　　长：施伯乐　复旦大学教授

组　　员：白英彩　上海交通大学教授

郑衍衡　上海大学教授

汪燮华　华东师范大学教授

俞时权　上海师范大学教授

高毓乾　上海市科委高级工程师

陶　霖　上海第二工业大学教授

许永兴　上海电视大学教授

本书编撰人员

主　编：陶　霖

编　撰：陈　信　张世明

主　审：施伯乐

致 读 者

全国人大常委会副委员长　**陈至立**

高科技及其产业是当代经济发展的火车头。在当代科学技术革命中，计算机信息处理技术居于先导地位。在90年代的今天，世界科学技术已经进入了信息革命的新纪元。

上海的振兴正处于这一信息革命的时代。上海要在本世纪末、下世纪初跻身国际经济、金融、贸易中心城市之列，就必须牢牢把握机遇，大力发展计算机应用及其产业。市委、市政府决定尽快发展计算机产业，使其成为上海新一代的支柱产业。这是从上海产业结构调整、城市功能发挥、技术革命发展的战略高度出发作出的战略决策。今后几年，上海计算机产业的销售额将每年翻一番，到本世纪末形成年销售额达数百亿元的产业规模。金融电子化、商业电子化、个人用电脑的普及、机电一体化、城市管理、工业管理以及办公自动化、智能化大楼的建设、软件开发应用及系统集成等，将使上海的经济和社会生活发生深刻的变化，并为上海成为国际经济、金融、贸易中心城市提供必不可少的技术支撑。计算机产业不仅将成为上海工业发展的新的生长点，并将带动一批相关产业的发展。可以预计，不久的将来，计算机在上海将被广泛应用，渗透到各行各业，使上海的现代化水平向前迈进一大步。

发展计算机产业对计算机专业人才的培养及应用人才的培训提出了紧迫要求，一方面要培养一大批能够从事计算机研究开发的高级专业人才，另一方面要培训成千上万的计算机操作人员，普及计算机应用技术。只有各行各业的从业人员都学会计算机操作和应用，计算机的广泛使用和产业发展才能真正实现。因此，上海市"90年代紧缺人才培训工程"和上海市"三学"(学知识、学科学、学技术)活动都把计算机应用技术的普及作为其重要内容。上海市计算机应用能力考核则是在广大市民中普及计算机应用技术的一项重要举措。这项考核的独创性和实用性使其独具特点，受到应考者及用人单位的广泛欢迎。

希望上海广大市民顺应新技术革命的潮流，努力掌握计算机应用技术，为上海的振兴作出更大贡献！

1994年7月

(注：本文发表时，作者任中国共产党上海市委副书记、上海市计算机应用与产业发展领导小组组长)

序

全国人大常委会副委员长　**严隽琪**

信息产业是决定 21 世纪国际竞争地位的战略型产业,其规模和水平已经成为一个国家或城市现代化程度与综合竞争力的重要标志之一。信息产业的竞争说到底是人才的竞争。今后五年,上海能不能在二十世纪九十年代发展的基础上再创佳绩,在很大程度上取决于上海人才战略高地的构筑。目前,上海信息技术人才的市场结构性矛盾还比较突出,专业化的高级技术人才还远远不能满足市场的需求,人才供需缺口较大。从"第一资源"的战略高度出发,加快信息技术人才队伍建设,已成为当前上海城市人力资源开发的一个重要课题。

"上海市紧缺人才培训工程"自上世纪 90 年代实施以来,取得了令人满意的成绩,在计算机应用能力普及方面,由市委组织部、市人事局、市信息化办公室、市教育委员会、市成人教育委员会联合组织的适应不同层次需要的普及培训,培养了一大批信息化建设应用人才,对上海城市信息化建设起到了积极的促进作用。

进入新世纪,上海城市信息化建设正向深度和广度推进,对本市信息化人才队伍提出了更高的要求。因此,启动全市新一轮的信息化培训已成为我们当前的一项重要工作。新一轮信息化培训工作将以市场需求为导向,培训内容将更加突出专业和管理培训,培训体系将鼓励社会各方的积极参与。我们的目标是推出一批与技术发展同步的培训课程,形成一批新型的信息化培训基地,涌现一批适应最新技术发展潮流的专业技术人才,为上海加快信息化建设提供人才保障。

由市信息化办公室组织市计算机应用能力考核办公室编写的"上海市信息技术认证证书教学系列丛书",其内容涉及办公信息化、网页网站开发、数据库应用、机房网络管理、应用程序开发等五种技术认证证书考核及相应的认证工程师证书考核,专业化特点明显;教材充分吸收国外信息技术培训的新理念、新模式,采用"基于应用需求、面向应用实例"的编写模式和"实践教程+技术参考书"的教材组合模式,被列为"上海市紧缺人才培训工程"的重要系列教材。我相信,这套系列教材的出版,对于加快构建学习型城市,提高广大市民的信息技术技能,优化信息技术人才资源结构,推进上海城市信息化建设具有十分重要的意义。

2002 年 7 月

(注: 本文发表时,作者任上海市人民政府副市长)

编 者 的 话

  《计算机应用能力初级教程》(第六版)是为上海市计算机应用能力考核(初级)编写的培训教材,供具有中等以上文化程度,希望初步认识和应用计算机的读者使用。

  本书的最初版本于 1993 年 8 月出版。十多年来,随着计算机技术的快速发展,内容不断更新,经历了第一版的 DOS、WPS 和 FoxBASE,第二版的 Windows 3.2、Word 6.0 和 FoxPro,第三版的 Windows 95、Word 97 和 FoxPro for Windows,第四版的 Windows 98、Word 2000 和 Visual FoxPro 6.0 以及第五版的 Windows XP、Word 2000 和 Internet 应用。

  本书仍然综合考虑成熟性、应用广泛性和硬件条件的现实限制,采用 Windows XP、Word 2003,Internet 应用涉及的软件也有所更新。

  作为普及性的入门教材,本版依旧保持了一贯的做法:基础知识部分尽可能避免专业化的严格定义而代之以较直观浅显的说明;Windows 部分只介绍最基本的部分操作;文字处理部分舍弃了较复杂的功能;Internet 部分尽量不涉及专业化的理论。这样安排的目的,是希望不具备有关专业基础知识(例如电工学、数字逻辑等)的读者使用本书,通过数十小时的课堂学习和上机实习,能开始实际使用计算机进行一些文字处理工作和上网。如需进一步学习应用计算机,则可以在初步入门后继续学习"计算机应用教程"系列丛书中的大批其他教材,例如《办公自动化》、《计算机应用能力中级教程》或其他有关课程。

  本书的直接执笔人员是:上海第二工业大学陶霖(第 1、2 章),上海电视大学陈信(第 3 章),上海第二工业大学张世明(第 4 章)。

  本书的改版方案经过复旦大学施伯乐教授等八位专家组成的上海市计算机应用能力考核专家组的研讨。在此向专家表示衷心感谢。

  许多专业人员和学习者对旧版本提出过批评意见和改进建议,在此衷心致谢,并希望在新版的使用中继续得到这样的帮助。

上海市计算机应用能力考核办公室

2010 年 9 月

目　录

第1章 基础知识

1.1 计算机的发展和应用

电子计算机是 20 世纪科学技术最卓越的成就之一，它的出现引起了当代科学、技术、生产、生活等方面的巨大变化。

在人类历史上，有过算盘、机械式计算机等计算工具，它们的一个共同特点是在人的直接操作下工作，每操作一次就完成一步计算。

1946 年，美国的科学家和工程师设计并制造了第一台电子计算机，能够按人的预先布置自动地连续进行完整的复杂计算，其计算效率比人工提高了几千倍。此后的六十多年中，计算机的发展经历了电子管计算机（1946~1957 年）、晶体管计算机（1958~1964 年）、集成电路计算机（1964~1972 年）、大规模集成电路计算机（1972 年~至今）四个阶段，技术水平不断提高，功能越来越强，价格越来越低，应用越来越广。

20 世纪 70 年代，个人计算机（就是我们所称的微机）的问世和大规模生产，更使计算机迅速渗入到企业、机关、学校、家庭，嵌入到各种设备中，成为无所不在的常用工具，帮助人们完成工作、丰富生活。

与此同时，为了满足科学研究、军事、气象、地质等领域的需要，计算机也在向巨型化、超高速化发展。

计算机发展的另一日益强烈的趋势是相互连接，形成计算机网络，使一个办公室、一幢大楼、一个企业、一个国家或地区乃至全世界的多台计算机能够共享信息。过去依靠纸张传递的信息越来越多地通过计算机网络传输。

计算机，顾名思义是用于计算的机器，早期的计算机确实是用来进行诸如求解数学方程这样的数学计算的。但是随着应用领域的扩大，计算机的处理对象早已不限于此。任何信息，只要能用文字（包括数字）来表示，就可以输入计算机中，由计算机来帮助加工处理，并将所得结果同样以文字的形式送回给使用者。

在这里，文字是表示信息的手段，称为信息的载体或媒体。除文字之外，声音、图像也都是信息的媒体，而且对人类来说，是更普遍、更自然的媒体。

随着技术的发展，当今的计算机在配上适当的设备后，已经能够通过文字、声音、图像（静止的或活动的）等多种媒体来接受和表现信息，并对这些信息进行所需的处理，这就是多媒体技术。多媒体技术大大提高了计算机的能力和应用范围，多媒体技术与通信技术结合，从根本上改变着现实社会的信息传播方式，今天的手机，实际上就是一台这样的计算机。

虽然计算机的内部构造越来越复杂，功能越来越强大，但微型计算机的形态日益趋向多样，使用日益趋向简易，形象直观的操作逐渐取代抽象繁杂的文字命令，使各行各业的人们都能方便地使用。

目前，计算机最有代表性的应用领域有以下几种：

1. 科学计算

大到宇宙天体，小到基本粒子，上至航天飞机，下至地震海啸，对这些事物的研究和探索，都需要进行大量的精密计算。计算机的应用，使人工难以完成的计算变得现实可行甚至轻而易举；同时，不断深入的研究，又对计算量和计算速度提出越来越高的要求，反过来促使计算机技术进一步发展。

2. 数据处理

这是目前计算机应用最广泛的领域之一。生产管理、仓储管理、数据统计、办公自动化、金融电子化、贸易电子化、交通调度、情报检索等都可归于这一类。在我国，几乎所有的事业单位和稍有规模的企业都用计算机承担了或多或少的数据处理工作。

3. 实时控制

在化工、电力、冶金等生产中，用计算机自动采集各项数据，进行检验、比较，及时控制生产设备的工作状态。在导弹、卫星的发射中，用计算机随时精确地控制飞行轨道和姿态。在热处理加工中，用计算机控制炉窑温度曲线。在对人有害的工作场所，用计算机控制机器人自动工作，等等。微型化的计算机进入仪器仪表，产生了智能化的仪器仪表，把工业自动化推向了更高的水平。家用电器中装入微型化的计算机，功能更加丰富，使用更加方便。

4. 辅助设计与制造

利用计算机的计算和绘图能力，帮助人们进行建筑、机械、电子、产品造型等方面的工程设计工作，大大提高设计的质量和效率。在航空、造船、建筑等需要大量图纸的行业，这方面的应用效益最为明显。

5. 教育与娱乐

在学校、家庭中，可以利用计算机辅导学习，有些课程甚至可以用计算机代替传统的教师面授。计算机还可以为人们提供丰富多彩的娱乐，如影视节目、游戏等。

6. 通信和信息服务

计算机与通信设备相结合，可以方便高效地收发信件，发布和获取各种信息资料，进行世界范围的信息交流。因特网（Internet）就是这样一个全世界范围的计算机网络，目前已为数以亿计的个人计算机提供服务，其规模还在继续快速扩大。各种社会公用网络和政府、行业专用网络纷纷建设起来并投入应用。"上网查查"已经成为人们获取新知识的最便捷途径。

计算机与通信相融合，形成了信息产业，与石油、汽车并列为世界三大产业，在本世纪内将成为第一大产业。在我国，随着经济规模、管理水平、技术能力、人员素质和生活质量的逐步提高，计算机应用必将在深度和广度上持续发展，产生越来越明显的效益，成为人们无法脱离的工具。

1.2　硬件

一台完整的计算机由运算控制单元、存储器、输入设备、输出设备等部件构成。它们之间的关系可以用图 1-2-1 表示，图中的箭头表示数据的流动方向。通常，微机的运算控制单元和存储器连同一些配件装在同一个外壳里，统称为主机，而各种输入设备和输出设备也统称为外部设备。

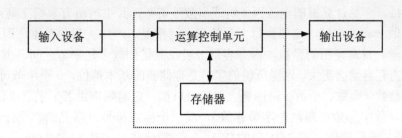

图 1-2-1 运算控制单元、存储器、输入设备、输出设备的关系

1.2.1 运算控制单元

运算控制单元是计算机的核心，由极其复杂的电子线路组成，它的作用是完成各种运算，并控制计算机各部件协调地工作。运算控制单元又称中央处理单元，简称 CPU。

微型计算机的 CPU 采用现代高技术制成一片或几片像邮票大小的集成电路片，又称为微处理器。

随着计算机技术的进步，微处理器的水平在近三十多年中飞速提高，最具有代表性的产品是美国 INTEL 公司的微处理器系列，从 4004 开始，历经 8086、80386、Pentium（奔腾）、Core2（酷睿）等二十多种型号和规格，功能越来越强，工作速度越来越高，从每秒完成几十万次基本运算发展到数十亿次，内部结构也越来越复杂。

CPU 的产品并非只出于 INTEL 公司一家，IBM、AMD 等也是著名的制造微机用 CPU 产品的公司。

由于微机的核心部件是 CPU，人们习惯用 CPU 档次来概略表示微机的规格。微机的性能与 CPU 的档次确实有密切的关系。

CPU 本身并不能直接为用户解决各种实际问题，它的功能只是高速、准确地执行人预先安排的指令，每一项指令完成一次最基本的算术运算或逻辑判断，例如计算两个整数的和、差、积、商，判断一个整数是否比另一个大，等等。

CPU 执行的指令（在计算机内部，指令用一定格式的数据来表示）、用于计算的原始数据、计算时的中间结果、计算的最终答案，都需要以 CPU 能够接受的形式存放在计算机中。CPU 本身包含有少量存放这些数据的机构，称为寄存器，只用于存放当前的瞬间正在被使用的数据，其余的大量数据，则被存放在称为存储器的部件中。

存储器又分为内存储器（简称内存，又称主存）和外存储器（简称外存，又称辅存）两种。

1.2.2 内存储器

计算机的内存储器目前一般用半导体器件组成，通过电路与 CPU 相连，CPU 可以向其中存入数据（又称写入），也可以从中取得数据（又称读出），存取的速度与 CPU 执行指令的速度相称。

内存中有一小部分用于存放特殊的专用数据，CPU 对它们只取不存，这一部分称为只读存储器，简称 ROM；其余部分可存可取，称为随机存储器，简称 RAM。

内存的大部分由 RAM 组成，在计算机工作时，能稳定准确地保存数据，但这种保存功能需要电源的支持，一旦计算机的电源因关机或事故被切断，其中的所有数据立刻完全丢失。

当计算机做一项工作时，需要执行大量的指令，接受、产生大量的数据，因此，内存需要有很大的容量。目前使用的微机，内存容量一般在数亿到数十亿字节之间，小型、中型、大型计算机的内存容量会更大。这里所说的字节是存储器的基本单位，一个字节可存放一个 0 至 255 之间的整数（负数、小数、范围更大的数可以按一定的规则由若干字节组合而成），或一个英文字母（汉字一般要用两个字节存放），或一个标点符号。常见的容量计量单位还有 KB（1024 字节，一般简称 K）、MB（1024KB，一般简称兆）、GB（1024MB，一般简称 G）、TB（1024GB，一般简称 T）。

内存中的大量基本单位，每一个都被赋予一个唯一的序号，称为地址。CPU 凭借地址，准确地操纵每个单位，按照人的预先安排，每一步运算该从哪里取数据，该向哪里存数据，绝不会搞错。

1.2.3　外存储器

内存虽有不小的容量，但相对于计算机所面对的应用任务而言，仍远远不足以存放所有的数据；另一方面，内存不能在断电时保存数据，因此需要使用更大容量、能长期保存数据的存储器，这就是外存储器。

目前计算机上最广泛使用的外存储器是磁盘，磁盘的主流品种称为硬盘，目前常见的容量为数十 GB 到数 TB。硬盘可以固定安装在计算机内部，也可以作为一个独立部件，仅在使用时与计算机相连，称为移动硬盘。

硬盘中有频繁、高速运动的精密部件，是计算机中最容易发生故障的部件，一旦损坏，记录在其中的数据丢失，会造成严重的甚至难以弥补的损失。在使用时应特别注意保护，运行中尽量避免震动。

除了磁盘，闪存盘（又称 U 盘）和光盘也是普遍使用的外存储器。

闪存盘的容量目前一般为数百 MB 到数 GB，携带方便，插到计算机上即可读写其中的数据。

光盘利用光线在塑料盘片上记录数据。光盘有只读光盘和可写光盘两大类，前者在计算机上只能读取数据，不能写入新的数据或改写原有数据；后者在计算机上既能读出数据，也能写入数据。

按照容量的不同，光盘又可分成两类，一类的名称规格中带有"CD"，容量约为 700MB；另一类的名称规格中带有"DVD"，容量至少为 4.7GB。

为了使用光盘，计算机上必须安装光盘驱动器。光盘驱动器也有与光盘相对应的分类，从功能分，有只读和读写两类，具有读写功能的光盘驱动器又称光盘刻录机；从适用光盘的容量分，有 CD 和 DVD 两类，能用于 DVD 的一般也能用于 CD。

人们通常以"盘"来统称硬盘、U 盘、光盘。

另外，计算机上使用的外存储器还有磁带，用来保存大量不经常使用的数据，例如需要长期保存备查的历史帐目。

微机上还有一个特殊的存储器，用来存放一些关于本台机器的重要参数，例如硬盘的规格、使用者设置的开机密码等，日期、时间等数据也保存在里面。这个存储器由 RAM 组成，当机器不工作时，由机内的电池维持对它的供电，以防止其中的数据丢失，并且使电子电路能持续不断地自动更新日期、时间数据。为了节省电池的消耗，这里的 RAM 以一种特殊的 "CMOS 技术"制成，因而人们通常把这个存储器称为 CMOS。如果由于电池失效或其他原因使其中的数据丢失，就会使整台微机不能正常工作。

1.2.4 输入设备

计算机要按人的要求进行工作，就必须能够接受人的命令，完成各种工作所需的原始数据也必须输入计算机内。承担这些任务，从计算机外部获取信息的设备称为输入设备。

最常用的输入设备是键盘。键盘上有一百多个按键。这些按键有的用于输入数字、字母、标点符号等，有的用于输入一些特殊的控制信息，例如删除已输入的字符等。

键盘上的按键灵活与否，内部接点的接触好坏，直接影响输入数据时的准确性和速度。同时，键盘是计算机上与操作者直接接触最多的部分，每个键的四周都有缝隙，又是封闭性最差的部分。因此使用时应当十分注意保持清洁与干燥。

另一种常用的输入设备是鼠标器（简称鼠标）。鼠标可用手握住在台面或专门的垫板上滑动。计算机能获取滑动的方向、距离，并使屏幕上的一个特殊标记（例如一个箭头）跟随鼠标的滑动而同步移动。这样，操作者就能用手移动屏幕上的标记来直观地表达自己的意图，这个标记常被称为光标。

数码照相机、数码摄像机都可以与计算机连接，成为输入设备。

图像扫描仪也是一种输入设备，使用图像扫描仪，能把照片、图纸的内容转换成计算机可接受的数据，输入计算机存储或处理加工。

话筒也已成为计算机的一种输入设备，用于输入声音。

对各种不同的应用，还有许多输入设备，可以用来输入图形、图像、声音等多种媒体的信息。

1.2.5 输出设备

计算机向使用者传递计算、处理结果的设备称为输出设备。

使用最多的输出设备是显示器，即习惯上所称的屏幕。目前计算机上的显示器有两种：使用传统显像管的显示器和液晶显示器，前者笨重而价格较低，后者轻巧而价格较高。

显示器有彩色和单色之分，前者的显示鲜明生动，后者价廉且有利于保护视力。

显示器的一个重要指标是显示分辨率，用屏幕上能够显示的光点的列数和行数来表示。例如，800×600 表示屏幕的画面由 800 列 600 行微小的光点组成。分辨率越高（即数字越大），显示画面越细致清晰。分辨率高的显示器也可以根据需要以较低的分辨率工作，目前微机的显示器分辨率一般不低于 1024×768。

从显示器输出信息只是暂时的显示，如需要记录下来长期保存，就需要打印机这种输出设备。目前使用的有喷墨打印机、激光打印机和较为落后的针式打印机。

与常见的英文打字机不同，这些打印机不是用固定的字模打出相应的字符，而是在纸上产生许多很小的色点来构成字符，因此也能打印出图片。

除显示器、打印机外，还有许多种输出设备，例如输出声音的扬声器（喇叭）、输出图形的绘图仪等。

调制解调器（Modem）是把计算机与因特网的线路连接起来的外部设备，它既是输入设备，也是输出设备。

有一种屏幕，可以在显示文字、图像的同时，接受操作者在屏幕表面用手指做出的指点、滑动等动作并通知计算机，这种屏幕称为触摸屏，它既是输入设备，也是输出设备。

1.3 软件

1.3.1 什么是软件

计算机的核心是 CPU，CPU 的运算、控制是通过执行指令来实现的。让 CPU 执行不同的指令序列，能使计算机完成截然不同的工作，这就使计算机具有非凡的灵活性和通用性。也正是这一原因，决定了计算机的任何动作都离不开由人安排的指令。人们针对某一需要而为计算机编制的指令序列称为程序。程序连同有关的说明资料称为软件。配上软件的计算机才成为完整的计算机系统。

形形色色的软件有各种分类方法，最粗略的一种是把软件分为两大类：应用软件和系统软件。

1.3.2 应用软件

应用软件是专门为某一应用目的而编制的软件，较常见的有：

1. 处理文字、数据的通用软件

在这类软件中，应用最广的有输入、存储、修改、编辑、打印文字材料的 Word 等文字处理软件，以及输入、存储、修改、编辑、统计数据的 Excel 等电子表格软件。

2. 信息管理软件

用于输入、存储、修改、检索各种信息，例如人事工资管理软件、仓库管理软件、销售管理软件、计划管理软件等。这种软件发展到一定水平后，各个单项的软件相互联系起来，计算机系统和管理人员组成一个和谐的整体，各种信息在其中合理流动，形成一个完整、高效的管理信息系统，简称 MIS。

3. 辅助设计软件

用于高效地绘制、修改图纸，进行设计中的常规计算，帮助设计者寻求较好的设计方案。最著名的如 AutoCAD。

4. 实时控制软件

用于随时收集生产装置、交通工具等的运行状态信息，以此为依据，按预定的方案实施自动或半自动控制，安全、准确地完成任务。

5. 教育与娱乐软件

教育软件用于帮助学习各种课程，增长知识和能力。

娱乐软件用于休闲娱乐，如游戏软件、音像播放软件等。

6. 信息获取和通信软件

依托计算机网络，寻找、获取、发送有用信息的软件，如 Internet Explorer（IE）、Outlook Express、Foxmail 等。

1.3.3 系统软件

各种应用软件，虽然完成的工作各不相同，但它们都需要一些共同的基础操作，例如，都要从输入设备取得数据，向输出设备送出数据，向外存写数据，从外存读数据，对数据进行常规管理，等等。这些基础工作也要由一系列指令来完成。人们把这些指令集中组织在一起，形成专门的软件，用来支持应用软件的运行，这种软件称为系统软件。

系统软件在为应用软件提供上述基本功能的同时，也进行着对硬件的管理，使在一台计算机上同时或先后运行的不同应用软件有条不紊地合用硬件设备。例如，两个应用软件都要向硬盘存入和修改数据，如果没有一个协调管理机构来为它们划定区域的话，必然形成互相破坏对方数据的局面。

代表性的系统软件有：

1. 操作系统

管理计算机的硬件设备，协调各应用软件方便、高效、安全地在这些设备上运行。在微机上常见的有 Windows、UNIX、Linux 等。

2. 数据库管理系统

有组织地、动态地存储大量数据，使人们能方便、高效地使用这些数据。在国内应用较多的有 SQL Server、Oracle 等。

3. 语言编译软件

CPU 执行每一条指令都只完成一项十分简单的操作，一个系统软件或应用软件，要由成千上万甚至上亿条指令组合而成。直接用基本指令来编写软件，是一件极其繁重而艰难的工作。为了提高效率，人们规定一套新的指令，称为高级语言，其中每一条指令完成一项操作，这种操作相对于软件总的功能而言是简单而基本的，而相对于 CPU 的一步操作而言又是复杂的。用这种高级语言来编写程序（称为源程序），就像用预制件代替砖块来造房子，效率要高得多。但 CPU 并不能直接执行这些新的指令，需要另有一个软件，专门用来将源程序中的每条指令翻译成一系列 CPU 能接受的基本指令（也称机器语言），使源程序转化成能在计算机上运行的程序。完成这种翻译的软件称为高级语言编译软件，通常把它们归入系统软件。较著名的高级语言有 C、JAVA 等，它们各有特点，分别适用于编写某一类型的程序，它们都有各自的编译软件。

1.3.4 软件的版权

软件是脑力劳动的创造性产物。一个优秀的软件，常需要多名软件专业人员辛勤工作数年才能付诸实用。如同计算机硬件一样，软件也是商品。但由于软件通常保存在磁盘或光盘上，能很方便地复制，这就容易造成一种错觉：似乎通过复制得到软件，可以既不花钱又不损害别人。在我国，计算机普遍应用已有多年，由于长期缺乏商品经济观念，加上上述错觉，相当数量的专业人员和单位领导认为无偿取得软件是理所当然的。正是由于这一原因，造成我国软件商品贫乏，大批技术人员在各自的单位中重复着相同的低水平工作，同时也严重损害了我国的国际声誉，阻碍了经济发展。

为了鼓励计算机软件的开发与应用，促进软件产业和国民经济信息化的发展，根据《中华人民共和国著作权法》，国务院公布了《计算机软件保护条例》。《条例》明确规定：未经软件著作权人的许可复制其软件的行为是侵权行为，侵权者要承担相应的民事责任，触犯刑律的，依照刑法关于侵犯著作权罪、销售侵权复制品罪的规定，追究刑事责任。

1.4　影响计算机正常工作的因素

尽管硬件、软件的设计者们力求使用的方便性，但微机还远未达到"买来就能用"的程度，许多因素都会使计算机不能令人满意地工作，例如：

（1）CPU、内存、外存、显示器的工作速度不够高，造成计算、显示的迟缓。

（2）内存的容量不够大，使有些工作不能做，或做得太慢。

（3）硬盘的容量不够大，容纳不下需要保存的大量数据。

（4）显示器的分辨率不够高，显不出所需的精细画面。

上面这些因素与一台计算机各主要部件的型号、规格、性能（一般称作"硬件配置"）直接相关，一般应在购置计算机之前，由专业人员根据实际任务的需要认真考虑，既不能因估计不足而造成上述问题，也不必盲目求高，追求"一步到位"，在计算机硬件、软件技术高速发展的今天，脱离具体的、实际的需要，是找不到这个"位"的。

计算机的硬件配置达到了要求，还要考虑软件：

（1）系统软件是否满足基本需要？例如，单纯使用国外的操作系统，就不能输入、输出汉字。

（2）是否有适应本单位或个人需的应用软件？有现成商品的要去购买，市场上没有的要由专业人员研制。

（3）完成一项任务往往需要从系统软件到应用软件的若干个软件相互配合，如果软件之间配合不当，则会使工作不稳定，甚至根本不能工作。

（4）功能丰富的软件，为了让用户灵活使用，一般允许用户按自己的需要指定不同的工作方式、功能组合、技术指标等，这种指定连同软件组合的选择常被称为软件配置，配置不当，也会影响计算机的正常工作。

（5）软件是人编的，而人是会犯错误的，因此软件中一般都含有差错（专业人员称其为"Bug"），虽然在投入实际使用前应当尽力排除，但仍然会有或多或少的遗留，在使用中的特定条件下才得以暴露，造成运行失常。这种情况，世界著名软件公司的产品也在所难免，在一般的应用软件中更为普遍，必须在实际使用中积极修改（称为软件维护）后才能趋于正常。

硬件和软件都达到要求，已经正常使用的计算机，在日常运行中仍会出现问题，常见的有：

（1）电源线、网络线或部件之间暴露在外的连线插头松脱。

（2）键盘、磁盘、光盘等易损部件因维护不当而发生故障，或经过长期使用而损坏。

（3）操作不当，丢失或改变了与软件配置有关的重要数据。

（4）操作不当，丢失或破坏了硬盘上保存的用户数据。

（5）在上网时感染了计算机病毒。

（6）在上网时遭到"黑客"破坏。

以上列举的三类问题，前两类一般需要计算机专业人员帮助解决，后一类的大部分不一定需要专业人员。操作人员通过学习，掌握基本的知识和技能，就能够排除或避免许多问题，学习越深入，在实践中尝试越多，保障计算机正常工作的能力就越强。这是本教程（包括中级）的编写目的之一。

1.5 计算机与人的关系

计算机是高科技的产物，具有强大的功能。它能够高速地准确无误地进行大量的数值和逻辑运算，更重要的是，它是"可编程的"，即人们可以根据特定的需要，预先把各种基本运算、判别指令编排组合起来形成程序，在需要时让计算机执行程序。同样的一批基本指令，可以编出无数不同的程序；同样的程序，在不同的条件下执行，又可以产生出各不相同的结果。因此，计算机系统的功能一旦被充分发挥，能完成过去无法想象的工作，会使人觉得它具有不可思议的神奇能力。

但是，计算机系统毕竟是由人制造、由人操纵的一种工具，它本身只会机械地执行程序，在执行过程中随着外界条件的变化而作出的任何灵敏的甚至"聪明"的反应都是程序编制者预先安排的结果。正是由于这一基本事实，当人们准备把某项事务交给计算机做时，首先必须清楚地归纳出原来由人做这项事务时遵循的各种方法和规则，诸如一项统计结果是由哪几项原始数据按照怎样的计算方法计算而得，一项决策是依据哪些已知条件按照怎样的判别、比较规则而成，等等。这些原始数据、已知条件的数量可以十分浩大，这些计算、判别、比较可以极其繁复，但是方法、规则必须明确（即使所谓模糊决策、模糊控制，实际上在更高层次上有着毫不模糊的方法和规则），只有这样，才可能编出可用的程序。如果自己都说不清楚具体要求，是根本谈不上让计算机和计算机专业人员为自己服务的。

第2章 Windows XP

2.1 Windows 简介

Windows 是美国微软公司一系列操作系统软件的总称，Windows XP 是其中应用最广泛的一种。

Windows 借助于屏幕上的图形，向微机的使用者提供了一种窗口式多任务操作环境，使操作计算机变得非常直观、方便。Windows 有如下的特点：

（1）生动形象的图形化操作方式（专业术语称为"图形用户界面"）。

（2）能有效地同时执行多项任务，各任务之间既能很容易地转换，又能方便地交换信息（例如，用同一台微机，一边放音乐，一边上网聊天，一边编辑一篇文稿，在编辑中还不时地到网上查找有关的资料）。

（3）充分有效地利用计算机越来越强大的硬件能力，适应品种繁多的硬件设备。

（4）有强大的网络功能，使用户能方便地使用因特网。

2.2 准备知识

2.2.1 键盘

键盘是微机的主要输入设备之一，用户的命令和各种数据，凡是以文字形式输入到微机中的，一般要通过键盘。目前使用的键盘，除了个别的键之外，排列基本相同，见图 2-2-1。

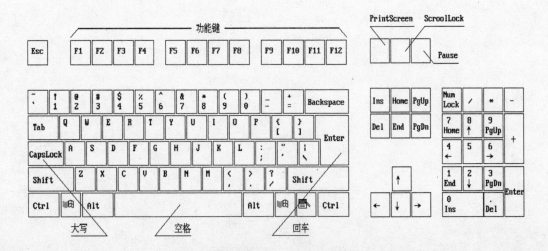

图 2-2-1　键盘排列图

目前常见的微机键盘有三个特殊的键，安排在 Ctrl 和 Alt 键之间，能使 Windows 的操作更加方便快捷，其中两个有相同标志的称为 Win 键，另一个称为 Apps 键。

键盘的按键大致可分为三类。

1. 字符键

用于向计算机输入数字、英文字母和常用符号。

2. 控制键

不直接表示字符，用于发出操作控制命令，如表 2-2-1 所示。

表 2-2-1　控制键

键　名	功　能
Enter	回车键：输入一行命令或信息后，用该键表示本行结束
Spacebar	空格键：每按一下，跳过一个字符位置
Shift	上档键：对一键二用的键，选择上档字符，也用于暂时改变字母的大小写
Backspace	退格键：删除刚才输入的一个字符
Esc	脱离键：刚才的命令作废
Ins	插入键：按一下进入插入状态，再按一下退出插入状态
Del	删除键：删除指定的字符
CapsLock	大写锁定键：按一下该键，字母键进入大写状态，再按一下，字母键进入小写状态
NumLock	数字键盘（小键盘）锁定键：按该键使小键盘用于输入数字或用于编辑控制
↑↓←→	上、下、左、右方向键
PgUp	逆向换页键：退回上一页
PgDn	正向换页键：进到下一页

Win 键和 Apps 键也是控制键，它们的用法将在后面介绍。

键盘上方标有 F1、F2、……字样的键称为功能键，它们也是用于控制的，但具体作用随软件的不同而不同。

3. 组合键

键盘上的 Ctrl，Alt，Shift 和 Win 键常与其他键一起组合使用，构成组合键，组合键有双键组合或三键组合，双键组合应当先按下前一个键，再按下后一个键，然后松开后一个键，最后松开前一个键；三键组合则应当先按下前两个键，再按下后一个键，然后松开后一个键，最后松开前两个键。

在本书中，用键名和加号来表示组合键，例如 Ctrl+C 表示 Ctrl 和 C 的双键组合，其中 Ctrl 是上面所说的"前一个键"，C 则是上面所说的"后一个键"；Ctrl+Alt+Del 表示 Ctrl、Alt 和 Del 的三键组合。

另外，许多书面资料在表示组合键时，常用符号"^"代表 Ctrl，例如^C 就表示 Ctrl+C。

有些组合键的作用是确定的，例如，当键盘处于大写状态时，Shift+A 表示字母 a，但更多组合键的作用是随软件的不同而异的。

初学者在使用键盘时，要特别注意一些容易混淆的键，如数字 0 与字母 O，小写的 L 与数字 1，退格（Backspace）键与向左的方向键（←），空格键与向右的方向键（→）等。

2.2.2　驱动器名

　　微机上的硬盘、U 盘、光盘驱动器都用单个字母的驱动器名来表示，以便于操作。通常 C 盘是安装着 Windows 的硬盘，如果有第二个硬盘，或者用某种方法把一个硬盘划分成两个或更多，则依次称为 D 盘、E 盘……。光盘驱动器和连到计算机上的 U 盘、移动硬盘也都被分配一个驱动器名。驱动器名在有些场合下用字母加上一个冒号表示，称为盘符，如 C:、F: 等。

2.2.3　启动微机

　　对普通的用户而言，没有操作系统的计算机是无法使用的，因此，这里所说的启动，包含两层含义：一是使微机的硬件运转起来；二是使微机上安装的操作系统运行起来。在本书中，就是使 Windows XP 运行起来。

　　对已经安装了 Windows XP 的微机，启动十分简单。

　　1. 开机启动

　　接通微机电源并打开电源开关，微机开始检查自身的硬件（称为自检），屏幕上显示一些与硬件配置有关的信息，并且硬盘指示灯闪烁，片刻后屏幕出现如图 2-2-2 所示的画面，启动成功。

图 2-2-2　Windows XP 启动成功后的屏幕画面

2. 重新启动

如果微机本来就在运行，由于软件的故障或操作不当，微机停止工作，不再理睬操作者的正确命令，这种现象被称作"死机"，这时就需要重新启动。

如果机箱上有 Reset 按钮，按一下 Reset 按钮，微机就像开机时一样，自检并启动；如果机箱上没有 Reset 按钮，就只能关闭电源开关，等待几秒钟后再重新开机了。

2.3 Windows XP 的基本操作

2.3.1 鼠标操作

进入 Windows XP 后，屏幕上有一个斜置的箭头，这就是鼠标器的光标（见图 2-2-2 的中心位置）。在使用 Windows XP 时，操作者要用鼠标频繁进行以下几种基本操作：

1. 移动光标

在放置鼠标的台面或垫板上移动鼠标，光标以同方向在屏幕上跟随移动，直到对准所需的目标为止。

如果光标尚未到位，而鼠标已经受台面或其他物体的限制不能继续移动，只要提起鼠标，悬空反方向移动一段距离（这时光标不动），然后放回台面继续向需要的方向移动即可。

2. 单击

光标对准目标后，按一下鼠标左边的键。

3. 双击

光标对准目标后，按一下鼠标左边的键，放开后再按一下，在此期间鼠标保持不动。

4. 右击

光标对准目标后，按一下鼠标右边的键。

5. 拖曳

光标对准目标后，按下鼠标左边的键不放，移动鼠标，使屏幕上的目标跟随光标移动到所需位置，然后放开按键。

2.3.2 菜单和对话框

Windows XP 启动后，屏幕下方的一条区域称为任务栏，其余的区域称为桌面。任务栏的左端是一个带有立体感的绿色按钮，称为"开始"按钮。

单击"开始"按钮，屏幕出现如图 2-3-1（A）的菜单。菜单中的每一行都对应一项操作，用鼠标单击某一行（或按下这行括号中写出的键），表示选择这项操作。

图 2-3-1（A）所示菜单中的"所有程序"、"我最近的文档"右边都有一个三角符号，这个符号表示，如果光标指向这一项，还会出现下一级的菜单，让操作者再作进一步选择。例如，图 2-3-1（B）就是在图 2-3-1（A）的菜单把光标依次指向"所有程序"、"附件"后的情况。

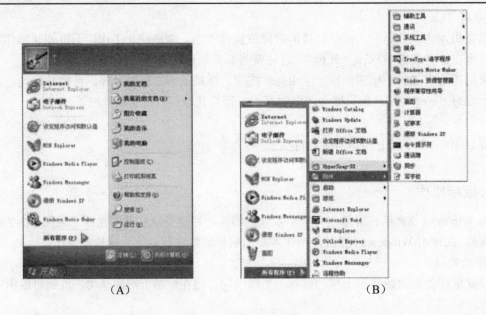

（A）　　　　　　　　　　　（B）

图 2-3-1　菜单

　　如果选中图 2-3-1 （A）所示菜单中的"运行"这一项，屏幕会出现如图 2-3-2 （A）所示的方框。这样的方框称为对话框，用来让操作者输入所需的信息。

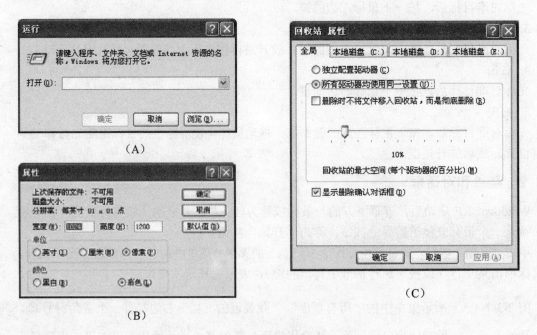

图 2-3-2　对话框

　　图 2-3-1（A）所示菜单中的"运行"右边的省略号，就是表示如果选中这一项，还会有对话框出现。

　　对话框中的内容是根据需要安排的，因此面貌千变万化，图 2-3-2 中就是三个不同的对话框。但对话框都由一些标准的部件组合而成，下面是常见的几种：

（1）文本框（见图 2-3-3（A））：作用是让操作者从键盘输入字符。单击方框，使框内出现字符光标（一根闪烁的竖线），键盘的输入即在光标位置显示。

（2）数值框（见图 2-3-3（B））：作用是让操作者输入数值。

（3）列表框（见图 2-3-3（C））：作用是让操作者从给定的一批数据中选择一个。选择的方法是单击数据所在的行。

（4）下拉列表框（见图 2-3-3（D））：作用与列表框相同，但占用面积很小，单击右边的箭头才向下展开出列表框供选择，如图 2-3-3（E）所示。

（5）单选按钮（见图 2-3-3（F））：作用是让操作者在一组互相排斥的对象中选择一个。单击哪一个，哪一个圆圈中就出现一个圆点，表示被选中，同时其他项中的圆点消失。

（6）复选框（见图 2-3-3（G））：作用是让操作者在"是"与"否"之间选择，方框内的勾表示"是"。每单击一次，就改变一次选择。

（7）命令按钮：让操作者执行预定的命令（见图 2-3-3（H））。单击表示按下。

许多对话框中都有"确定"和"取消"按钮。在该输入的地方正确输入、该选择的地方正确选择后，用"确定"按钮结束对话框的操作。如果发现本次操作根本不该做，可使用"取消"按钮，把引出对话框的操作取消掉。

在"确定"或"取消"之前，可以反复修改对话框里的各项输入和选择。

列表框、下拉列表框和有些按钮常跟文本框组合在一起，使操作者既能选择（选择的内容直接跳入文本框），又能直接从键盘输入。

（8）选项卡：让操作者在若干组不同的内容中选择（见图 2-3-3（I））。对话框中只显示一组内容，单击哪个选项卡，就显示哪个选项卡所对应的内容。

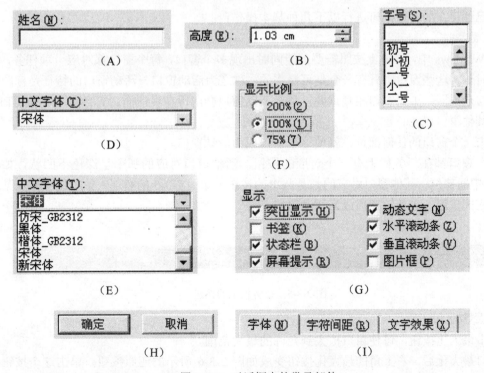

图 2-3-3　对话框中的常见部件

2.3.3   窗口操作

Windows 的特点之一是多任务，就是允许用户同时运行多个应用程序。为了让用户能够方便、直观地操作和控制这些应用程序，Windows 使每个运行中的应用程序都在屏幕上表现为一个窗口，图 2-3-4 就是 Windows XP 中的一个窗口，图中标明了窗口的组成部件。

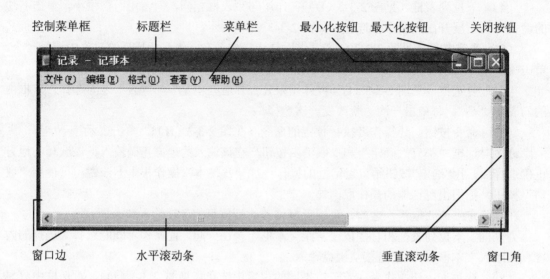

图 2-3-4   窗口

对已经存在的窗口，可进行以下几种基本操作：

1. 激活

在 Windows 中，屏幕上按照需要可能同时出现多个窗口，每个窗口都对应一项任务，但在任何时刻，这些窗口中只有一个是可操作的，称之为活动窗口，活动窗口的特征是标题栏的颜色与众不同，如果窗口相互重叠，那么活动窗口会出现在最前面，它会盖住其他窗口，而不被其他窗口盖住。

单击一个窗口的任何部位，就使这个窗口成为活动窗口。

每个窗口都在任务栏上有一个对应的按钮，活动窗口对应的那个呈深色下凹状，如图 2-3-5 的中间部位；其他窗口对应的都是凸出的按钮，如图 2-3-5 的右端。单击任务栏上某个窗口对应的按钮，也使该窗口成为活动窗口。

图 2-3-5   任务栏上的按钮

2. 最大化和还原

单击最大化按钮，可使窗口扩大到允许的最大范围。

窗口最大化后，右上角的最大化按钮变成如图 2-3-6 所示的还原按钮，单击这个按钮，即可把窗口还原到最大化以前的状态。

图 2-3-6　最大化还原按钮　　　　　图 2-3-7　移动窗口边框的光标

3. 最小化和还原

单击最小化按钮，可使窗口隐去，不妨形象地理解为窗口"最小化"到任务栏上对应按钮的后面去了。对已经最小化的窗口，单击对应的按钮，可把窗口还原到最小化前的状态，并且使其成为活动窗口。

4. 移动

为了同时观察多个窗口的内容，有时需要调整窗口的位置，对既不是最小化又不是最大化的窗口，拖曳其标题栏就能移动窗口。

5. 改变大小

对不是最大化的窗口，光标对准水平、竖直窗口边框或窗口角时，会变形为图 2-3-7 所示的双向箭头形状，这时按箭头方向拖曳，窗口边框会跟随移动，使窗口的大小改变。

6. 滚动窗口内容

当窗口的大小不足以容纳全部内容时，窗口中只显示一部分，同时出现滚动条。出现垂直滚动条表示高度不足，出现水平滚动条表示宽度不足。

拖曳滚动条中的浅蓝色方块，或单击滚动条两端的尖角符号，可以使窗口中的内容滚动。

单击滚动条中方块与尖角之间的部位，可使窗口中的内容滚动一页。

7. 使用菜单

应用程序的窗口中都有菜单栏，专供操作者选择操作命令。

菜单栏上有若干菜单名（如图 2-3-4 中的"文件"、"编辑"、"格式"、"查看"、"帮助"），每个都对应一张菜单。

单击菜单名，能打开对应的菜单。图 2-3-8 就是菜单栏中的"文件"菜单被打开的情况。

菜单中有一些菜单项，每项占一行。有时按菜单项的性质分组，组间用横线隔开。

单击一个菜单项，就是选中这一项。

如果一组菜单项中，有一项的左边有一个圆点，表示这一组菜单项是"单选"的，其中各项中，不多不少总有一项被选中。

有些菜单项代表某一状态的"是"或"否"、"有"或"无"，这种菜单项每选中一次，就改变一次状态，用左边显示的"√"表示"是"或"有"。

有些菜单项被选中后，还会出现对话框来要求操作者进一步输入信息，这样的菜单项的右边有省略号"…"。

如果某个菜单项的颜色暗淡，则表示在当前情况下这项选择是没有意义的，选中它不会有任何反应。

对打开的菜单，单击其菜单名，或单击菜单外的任何位置都能关闭菜单。

图 2-3-8　从菜单栏打开的菜单　　　　　图 2-3-9　关闭 Windows 对话框

8. 关闭窗口

单击右上角的关闭按钮，可使窗口关闭（消失），这个窗口所对应的应用程序也结束运行。

2.3.4　关机

单击"开始"按钮，在开始菜单的底部有一项"关闭计算机"（见图 2-3-1（A）），选中这一项，出现如图 2-3-9 所示的对话框，单击红色的"关闭"按钮，即可关闭 Windows XP，计算机随即关闭电源。

2.4　文件和文件夹

2.4.1　文件和资源管理器

外存储器的作用是存储数据。在计算机中，数据是一个非常广泛的概念，凡是由计算机处理的对象，包括文稿、统计数字、图像、声音等，在计算机中都表现为数据，连计算机自身运行的程序也是一种数据。

数据在外存储器中都是以"文件"的形式有秩序地存放的。用专业的术语说，文件是指记录在存储介质（如硬盘、U 盘、光盘）上的一组相关信息的集合。直观地说，一篇文稿、一组统计数字、一幅图像、一段音乐、一个程序，存在盘上各自都是一个文件。

使用计算机时，经常需要对文件做各种操作：创建文件、向文件中加入数据、修改文件的内容、删除文件、复制文件……。当今使用计算机的人，不一定要懂得多少理论知识，不一定要深入了解计算机内部的构造，但是有关文件的一些概念却是必须掌握的。对文件有清楚的了解，才能熟练使用各种软件和数据，才能把握住自己在计算机上工作的成果。

Windows XP 中有一个叫做资源管理器的工具，可以帮助操作者管理文件。右击"开始"按钮，在随后出现的菜单中选中"资源管理器"，即可启动资源管理器。

资源管理器启动后，出现如图 2-4-1 所示的窗口。

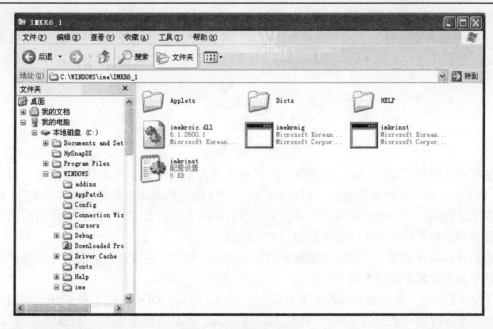

图 2-4-1　资源管理器窗口

资源管理器窗口的主体部分分成两部分，图 2-4-1 中左边部分还有未显示出来的内容，使用滚动条，可以使其余内容显示出来。

两个框之间是分隔条，用鼠标器对准分隔条，光标变成横的双向箭头，这时向左右拖曳，可以调整两个框在窗口中占据的宽度。

2.4.2　文件名和文件类型

一台计算机的盘中可以有很多文件，为了识别，每个文件都有一个文件名，在需要使用时，指定文件名，就可以"按名存取"。

文件名由英文字母、汉字、数字、标点符号等字符组成，最长可达 255 个字符，这就使文件的管理者能够为每一个文件起一个好的名字，清楚地表达文件的内容、性质，便于从许多文件名中准确辨认。但是，过长的名字不便于记忆，包含汉字的名字不便于输入，因此，在一般情况下，人们还是用少量英文字母（或汉语拼音字母）和数字来为自己的文件命名，达到不重名、易输入、易记忆的效果。

"?"、"*"、">"、"<"、"|"、"/"、"\"、"""、":" 这些字符，另有特殊作用，因此不允许用于文件命名。

英文字母在文件名中既可以用大写，也可以用小写，但这仅仅是显示时的差别，实际上被作为同一字符看待。例如，一个文件可以命名为 abc，也可以命名为 Abc，虽然以后看到的文件名不同，但在"按名存取"时，指定 abc 或指定 Abc 都可以使用这个文件。

图 2-4-1 所示资源管理器窗口的文件夹内容框中，显示了几个文件，能看到的文件名分别是 imekrcic.dll、imekrmig、imkrinst 和 imkrinst。

文件中存放的数据有不同的性质和用途，有的存放程序，有的存放文字，有的存放图像，等等。另外，存放相似内容的文件，在不同的应用软件的管理下，在内部格式上又会有差异。为便于使用和管理，在 Windows XP 中，用文件类型来区分这些不同的性质、用途和格式。

为了取得生动直观的效果，Windows XP 用形形色色的文件图标来表现文件的类型，图 2-4-1 中每个文件名左边的小图案就是文件图标。图 2-4-2 中列出的文件图标代表的文件类型依次是一种图片文件、电子邮件文件、Word 文档文件、普通文本文件和普通程序文件。

图 2-4-2　文件图标

除了文件图标，Windows XP 还用"扩展名"来表示文件的不同类型。扩展名一般是 1 到 4 个字符，加在文件名的最后。相对于扩展名，文件名的基本部分被称为"主名"。扩展名和主名之间用一个小数点分隔。如果整个文件名中的小数点多于一个，只有最后的那个才是扩展名和主名之间的分隔，其余的都是主名的组成部分。

资源管理器在显示文件名时会隐藏一部分文件的扩展名，在本章的后面将介绍怎样在需要时让资源管理器不隐藏扩展名。

图 2-4-2 中的文件图标对应的扩展名依次是 JPG、EML、DOC、TXT 和 EXE。人们习惯用扩展名来称呼某一类型的文件，例如，以 EXE 为扩展名的程序文件叫"EXE 文件"，以 TXT 为扩展名的简单文本文件叫"TXT 文件"，以 BMP 为扩展名的图像文件叫"BMP 文件"，由 Word 产生的以 DOC 为扩展名的文档文件叫"DOC 文件"，同样，由 Word 产生的以 RTF 为扩展名的文档文件则叫"RTF 文件"，等等。

2.4.3　文件夹

当一个硬盘上存有很多个文件时，从中寻找所需的文件会变得很麻烦。另外，用同一台计算机做多项工作，或多人交替使用同一台计算机，都难免出现为不同的文件起同样的文件名的情况，这就要导致冲突和混乱。

为了解决这一问题，Windows XP 为用户提供了"文件夹"。顾名思义，文件夹就是放置文件的容器，但 Windows XP 中的文件夹，不是真实有形的物体，而是一种比喻，一种文件组织方法。在有些场合，文件夹也被称为子目录。

假定有母子两人在家合用一台微机，母亲习惯用文字处理软件 Word 写稿，由于经常利用因特网，还需要保存大批电子邮件。孩子在计算机上使用一套中学课程的学习辅导软件，另外还要玩几种游戏软件。每种软件都有一批文件保存在 C 盘上，图 2-4-3 表示所有文件并存于在同一硬盘中的情况，图中大椭圆表示 C 盘，小方块表示存在其中的文件，不同的颜色表示不同的用途。

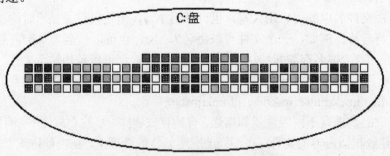

图 2-4-3　多个文件处于同一 C 盘中

如果把这些文件按电子邮件、Word、学习辅导、游戏分门别类，分别放进几个文件夹，不属于这些类别的仍在文件夹之外（操作系统本身就要在 C 盘上保存一批工作文件，另外，我们假设母亲还存放了三个与 E-mail、Word 无关的其他文件），就形成图 2-4-4 所示的状况。

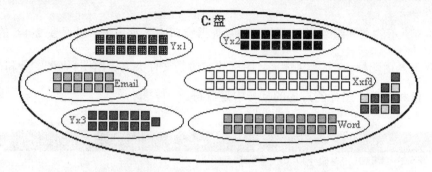

图 2-4-4　每组文件各处于一个文件夹中

为了便于识别，每个文件夹也像文件一样，有一个名字，图示的 6 个文件夹可以按其中文件的用途分别命名为邮件、Word、学习辅导、游戏一、游戏二、游戏三。为了避免输入汉字的麻烦，常见的做法是用英文或汉语拼音的单词或缩写来命名，这些文件夹可以命名为 E-mail、Word、Xxfd、Yx1、Yx2、Yx3。

使用文件夹后，对文件的称呼可以是某盘上的某文件夹中的某文件，而不仅仅是某盘上的某文件。例如，在图 2-4-4 所示的结构中，可以有文件夹 Email 中的文件 MAIL1.EML，文件夹 Xxfd 中的文件 SX.EXE。

如果游戏一和游戏二在玩的时候各自用一个名为 DEFEN.DAT 的文件来保存游戏者的得分，那么，在图 2-4-3 的结构中，两个不同的文件都要称为 C 盘上的文件 DEFEN.DAT，这是无法实现的，而在图 2-4-4 的结构中，两个文件分别称为 C 盘上的文件夹 Yx1 中的文件 DEFEN.DAT 和 C 盘上的文件夹 Yx2 中的文件 DEFEN.DAT，能够相互区别，因而能够共存。也就是说，两个文件夹中的文件可以用相同的文件名。

如果愿意安排得更有条理，还可以进一步把母亲使用的两个文件夹和另外三个文件，以及孩子的三个游戏文件夹分别放进更大的文件夹中，组成图 2-4-5 所示的结构：直接从属于 C 盘的只有三个文件夹 Mq、Yx 和 Xxfd，在文件夹 Mq 中又有两个文件夹 E-mail 和 Word，在文件夹 Yx 中，又有文件夹 Yx1、Yx2 和 Yx3。这种结构，能更清楚地反映文件、文件夹之间的从属关系。

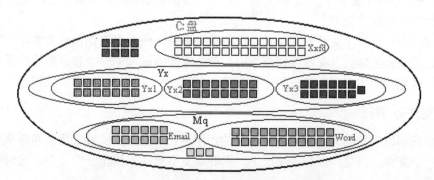

图 2-4-5　多组文件处于不同层次的多个文件夹中

如果有需要，文件夹还可以一层一层地包含下去。每个文件夹都可以既包含下一级的文件夹，又包含文件，例如，图 2-4-5 所示的文件夹 Mq 就是如此。

一个文件也可以不属于任何文件夹而"直接"存在硬盘上，图 2-4-5 中也有几个这样的文件。

图 2-4-5 所示的文件组织形式，在资源管理器窗口中显示出来，就是图 2-4-6 的画面。

资源管理器用图标 表示文件夹，图标的右边是文件夹名；用图标 、 和 分别表示硬盘、U 盘和光盘，图标的右边的括号中是盘符。

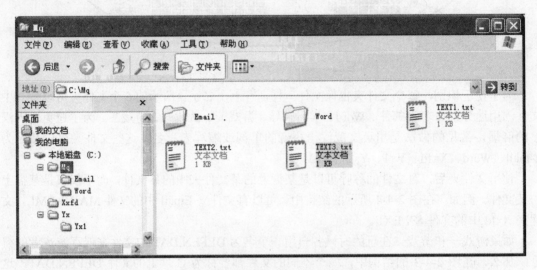

图 2-4-6　资源管理器中的目录结构

在图 2-4-6 中，窗口的左半部显示了 C 盘上的文件夹以及它们之间的从属关系。

单击一个文件夹，就使这个文件夹处于被打开的状态，图标形象地从 打开成为 。这时，窗口的右半部显示这个文件夹中的内容，包括文件和下一级文件夹。随着一个文件夹的打开，原来打开的另一个文件夹自动关闭。

图 2-4-6 中，被打开的是文件夹 Mq。

根据窗口两部分的显示内容，左边部分称为文件夹框，右边部分称为文件夹内容框。

在文件夹框中，凡是包含下一级文件夹的文件夹，左边都带有一个标"+"或"-"的小方框，标"+"号的不显示下一级文件夹，标"-"号的显示下一级文件夹，单击小方框，可在这两种状态之间转换。

不管硬盘上有多少个文件夹和文件，也不管文件夹之间有多深的从属关系，只要文件夹设置合理，文件夹名恰当，在资源管理器中，单击盘的图标选中一个盘，然后一层层文件夹打开下去，就能找到需要使用的任何一个文件。

2.4.4　文件标识符

资源管理器以形象的方式表现盘上文件的组织结构，操作者能够方便直观地从中找到和指定任何一个文件。但是，在有些情况下，需要以文字形式来指定一个文件，这时就要使用文件标识符。

一个文件标识符由三部分组成：

（1） 盘符，指明文件所在的磁盘，由一个字母和冒号组成。例如，C:表示 C 盘。

（2） 路径，指明文件所在的文件夹。从最外层（称为"根目录"，用反斜杠"\"表示）开始向下，逐层写出文件夹名，两个文件夹名之间用反斜杠"\"分隔。

（3） 文件名。文件夹名和文件名之间也用反斜杠"\"分隔。

例如，在图 2-4-4 所示的结构中，文件夹 Xxfd 中的文件 SX.EXE 的文件标识符是 C:\Xxfd\SX.EXE，文件夹 Email 中的文件 MAIL1.EML 的文件标识符是 C:\Email\MAIL1.EML，如果文件夹 Yx1 和 Yx2 中各有一个文件 DEFEN.DAT，它们的文件标识符分别是 C:\Yx1\DEFEN.DAT 和 C:\Yx2\DEFEN.DAT。

在图 2-4-3 的结构中，前两个文件的标识符分别是 C:\MAIL1.EML 和 C:\SX.EXE，后两个文件则因文件标识符相同（C:\DEFEN.DAT）而不可能并存。

在图 2-4-5 所示的结构中，上述四个文件的文件标识符分别是 C:\Xxfd\SX.EXE、C:\Mq\Email\MAIL1.EML、C:\Yx\Yx1\DEFEN.DAT 和 C:\Yx\Yx2\DEFEN.DAT。

2.4.5　通配符

文件标识符是用来指定一个文件的，在有些情况下，需要同时指定一批文件，这些文件的文件名具有某种共同的特征，这时就可以使用通配符。

通配符有两种：问号"?"和星号"*"。

问号"?"出现在文件标识符的文件名中，表示这个位置可以是任何一个字符。

为了举例，假定在 C 盘根目录的文件夹 Xxfd 中有九个文件：

C:\Xxfd\YW1.EXE

C:\Xxfd\YW2.EXE

C:\Xxfd\YY.EXE

C:\Xxfd\YY1.EXE

C:\Xxfd\YW.DAT

C:\Xxfd\YW1.DAT

C:\Xxfd\YW2.DAT

C:\Xxfd\SX1.DAT

C:\Xxfd\SX2.DAT

在这样的情况下，C:\Xxfd\YW?.DAT 表示 C:\Xxfd\YW1.DAT 和 C:\Xxfd\YW2.DAT。C:\Xxfd\??1.DAT 表示 C:\Xxfd\YW1.DAT 和 C:\Xxfd\SX1.DAT。C:\Xxfd\YW1.??? 表示 C:\Xxfd\YW1.EXE 和 C:\Xxfd\YW1.DAT。

星号"*"出现在文件标识符的文件名中，表示这个位置可以是任何一个字符、一串字符或者没有字符。例如，

C:\Xxfd\Y*.EXE 表示 C:\Xxfd\YW1.EXE、C:\Xxfd\YW2.EXE、C:\Xxfd\YY.EXE 和 C:\Xxfd\YY1.EXE。

C:\Xxfd*.DAT 表示 C:\Xxfd\YW1.DAT、C:\Xxfd\YW2.DAT、C:\Xxfd\SX1.DAT、C:\Xxfd\SX2.DAT 和 C:\Xxfd\YY1.DAT。

C:\Xxfd\YW?.* 表示 C:\Xxfd\YW1.EXE、C:\Xxfd\YW2.EXE、C:\Xxfd\YW1.DAT 和

C:\Xxfd\YW2.DAT。

C:\Xxfd*表示全部九个文件。

注意：通配符用于指定已有名字的文件，不能用于为一个文件命名。

2.5 磁盘和文件操作

本节介绍的操作全都要使用资源管理器，因此，在进行其中的任何一种操作前，先要运行资源管理器。如果资源管理器的窗口没有出现在屏幕上，检查一下状态条上有没有它的按钮，如没有，则启动资源管理器；如有，则单击按钮还原窗口。如果不经检查就直接启动，就会在操作中不知不觉地多次启动资源管理器，虽然 Windows XP 的多任务特性允许这样的多重运行，但会造成运行效率的降低，超出一定的限度时还会导致系统出错。

2.5.1 文件夹的创建

（1） 在资源管理器左边的文件夹框中单击选中准备安放新文件夹的文件夹或磁盘。

（2） 在右边文件夹内容框中右击空白位置，在随后出现的菜单中把光标对准"新建"，再选中"文件夹"，文件夹内容框中会出现一个新的文件夹图标，并等待输入名字，如图 2-5-1 所示。从键盘输入文字，蓝色的"新建文件夹"即被取代，最后以回车键结束。

图 2-5-1　输入文件夹名

2.5.2 文件、文件夹的复制和迁移

文件复制（Copy）常按英语译音称为"文件拷贝"，它的含义是根据一个已有的文件（源）生成另一个内容和名字完全相同的新文件（目标）。根据不同需要，目标与源可以在同一个磁盘上，也可以在不同磁盘上。源与目标的文件名相同，但文件标识符不能相同，否则是没有意义的。

文件夹也可以连同其中的所有文件和文件夹一起复制。

文件迁移是把一个已有的文件从一个文件夹（或根目录）中转移到同一磁盘的另一个文件夹（或根目录）中。

文件夹迁移是把一个已有的文件夹（连同其中的文件和文件夹）从原来所在的文件夹（或根目录）中转移到同一磁盘的另一个文件夹（或根目录）中。

复制的方法是：

（1） 在资源管理器中右击源的图标，选中"复制"。

（2） 右击目标所在文件夹的图标，如果目标准备直接放在根目录中，则右击磁盘的图标，选择"粘贴"开始复制。屏幕显示复制的示意动画，并显示进度。

如果在目标位置已经有与源同名的文件或文件夹，屏幕会出现如图 2-5-2 所示的对话框。

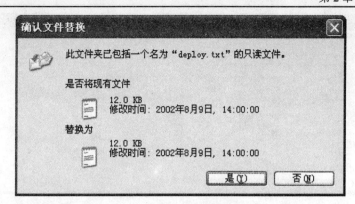

图 2-5-2　确认文件替换对话框

有三种情况会导致这一提示：

（1）　复制的目的就是用新的文件替换旧的同名文件。这时应当单击"是"按钮，开始复制。

（2）　操作有误，不应当替换。这时应当单击"否"按钮，中止操作。

（3）　已经复制过，再一次重复操作。可以单击"否"按钮，中止操作。

如果被替换的文件不止一个，可以逐个确认，也可在有把握的情况下选中"全部"按钮。

迁移的方法与复制相似，唯一的差别是在右击源图标后选择菜单中的"剪切"而不是"复制"。

用拖曳图标的直观方法也能实现复制和迁移：

如果源和目标不在同一驱动器上，先选中源的图标，然后直接把源图标拖曳到目标所在的位置就能完成复制。

如果源和目标在同一驱动器上，在拖曳的同时按住 Ctrl 键就是复制。

如果源和目标在同一驱动器上，拖曳的效果是迁移。

如果源和目标不在同一驱动器上，在拖曳的同时按住 Shift 键才是迁移。

如果需要同时复制或迁移同一目录下的多个文件或文件夹，可以先做选择操作：对连续排列的图标，方法是先单击第一个，再按住 Shift 键单击最后一个；对分散排列的图标，方法是按住 Ctrl 键逐个单击。被选中的图标和名字都转为蓝色背景显示。完成选择后，拖曳其中任何一个都相当于拖曳全体。

注意：拖曳的终点是鼠标箭头对准目标位置。

2.5.3　文件和文件夹的改名

（1）　右击需要改名的文件或文件夹图标，选择"重命名"，要改的名字被围上方框，反色显示，如图 2-5-3 所示。

（2）　输入新的文件或文件夹名，回车结束。

改名只能"原地"进行，不能指定其他的盘符或路径。

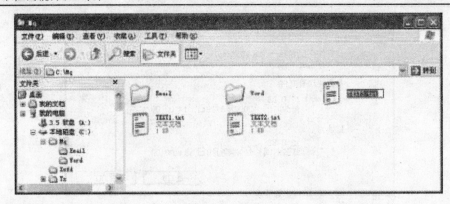

图 2-5-3 文件改名

2.5.4 文件和文件夹的删除

删除无用的文件和文件夹，可以使磁盘得到更有效的利用。

（1）右击需要删除的文件或文件夹图标，选择"删除"。如要同时删除一批，可按照 2.5.2 介绍的方法选中所有被删除对象，然后右击其中任何一个，再选择"删除"。

图 2-5-4 删除时的确认对话框

（2）屏幕出现如图 2-5-4 所示的删除确认对话框。看清后选中"是"按钮即可。

对于硬盘，按照以上方法删除的文件和文件夹，实际上并未真正从硬盘上消失，而是保存在一个"回收站"内。如果删除后发现有误，可以双击桌面上的"回收站"图标，产生如图 2-5-5 所示的窗口，在窗口中找到误删除的文件或文件夹图标，右击，选择"还原"，或者选中后单击窗口左边的"还原此项目"，即可恢复误删除的对象。

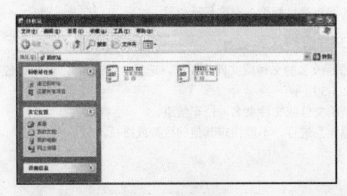

图 2-5-5 回收站窗口

回收站是建立在硬盘上的，被删除的文件和文件夹进入回收站，虽然为恢复准备了条件，但也占据了硬盘的空间。如果硬盘容量不宽裕，就应当经常清理回收站，把那些肯定无用的文件和文件夹真正从硬盘上清除掉。在回收站窗口中，右击一个图标后选中"删除"，再在如图 2-5-6 所示的对话框中单击"是"按钮，就彻底清除了这个图标代表的文件或文件夹。

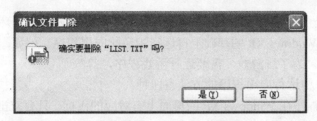

图 2-5-6　回收站的删除确认对话框

在回收站窗口中单击左边的"清空回收站"，然后在类似图 2-5-6 所示的确认对话框中单击"是"按钮，即可清除回收站中的全部内容。

2.5.5　磁盘的格式化

长期使用的硬盘、U 盘，经历无数次文件的复制、删除、修改，加上误操作、计算机病毒破坏、计算机系统偶发故障等原因，盘的部分存储容量会被不明不白地占用，文件在盘上的分布状况会变得不合理，严重影响盘的使用效率，在这种情况下，对盘做一次格式化操作是简单有效的解决方法。

对一个盘格式化，就是清除这盘中所有的文件夹和文件，无论它们是有用的还是无用的。

如果盘上有需要继续保存的有用文件，则必须在格式化之前先暂时复制到其他盘上，等格式化完成后再复制回来。

格式化一个盘的方法是在资源管理器的文件夹框中，右击这个盘的图标，在出现的菜单中选择"格式化"，然后在图 2-5-7 所示的对话框中单击"开始"按钮，开始格式化。

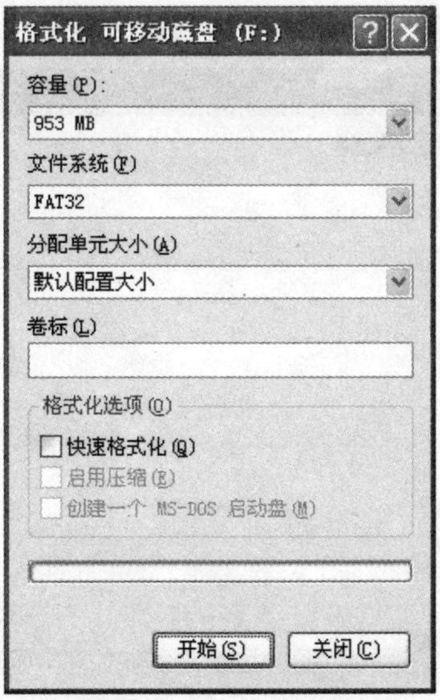

图 2-5-7　格式化对话框

格式化完成后，屏幕显示对话框，报告"格式化完毕"，依次单击"确定"和"关闭"按钮。

2.6　运行应用程序

Windows XP 是一个系统软件，它为各种应用软件提供良好的运行环境。为了完成某项工作，还要在运行 Windows XP 的基础上再运行相应的应用程序。例如，为了输入和编排文章，需要运行 Word，为了玩游戏，需要运行游戏程序，等等。

在 Windows XP 中运行应用程序的方法有四种：

（1）有些应用程序在 Windows XP 的桌面上有对应的图标。只要双击这个图标，即可启动运行应用程序。前面介绍的运行回收站程序，用的就是这一方法。

（2）单击"开始"按钮，选择"运行"，屏幕显示如图 2-6-1 所示的对话框。

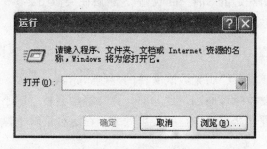

图 2-6-1　运行应用程序对话框

在文本框内输入要运行的应用程序文件的文件标识符，再单击"确定"按钮，就开始运行。

如果记不清完整的文件标识符，可以单击"浏览"按钮，屏幕出现对话框，在"查找范围"下拉列表中选中驱动器（见图 2-6-2），然后逐层查看，找到所需的文件，选中后单击"打开"按钮（或双击文件图标），被选的文件标识符就进入运行应用程序对话框的文本框中。

图 2-6-2　浏览程序文件

（3）在资源管理器中找到并双击要运行的程序文件图标。

（4）在 Windows XP 中，有些类型的文件有专门的应用程序来处理，例如，较小的 TXT 文件用"记事本"程序处理，较大的 TXT 文件用"写字板"程序处理，BMP 文件用"画图"程序处理，等等。对于这些与某个应用程序有固定关连的文件，在资源管理器中双击其图标，即可启动相关的应用程序并做好处理这个文件的准备（称为"打开"这个文件）。

2.7　提高效率的操作

为使初学者容易入门，以上只简略地介绍了 Windows XP 的基本操作和部分最主要功能。在本节中，围绕这些最基本功能，介绍一些能为操作者带来便利、提高效率的方法和技巧。

2.7.1　改变资源管理器的显示方式

打开资源管理器的"查看"菜单（见图 2-7-1）。

"缩略图"、"平铺"、"图标"、"列表"、"详细信息"这一组菜单项决定文件夹内容框内的显示方式。选择"平铺"、"图标"、"列表"选项，文件和文件夹分别如图 2-7-2、图 2-7-3、图 2-7-4 那样显示；选择"详细信息"选项，每个文件夹的建立时间、每个文件的最后修改时间以及文件的大小都显示出来（见图 2-7-5）；选择"缩略图"选项，显示方式与"平铺"相似，差别是图片文件不显示图标而直接显示缩小的图片画面，如图 2-7-6 所示。

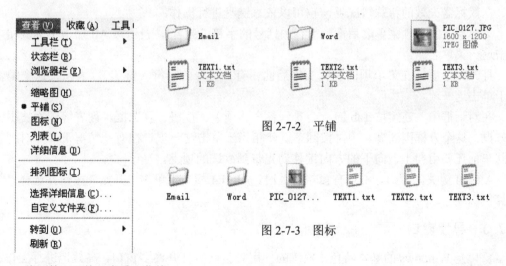

图 2-7-2　平铺

图 2-7-3　图标

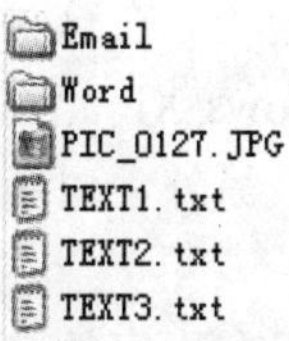

图 2-7-1　资源管理器的"查看"菜单

图 2-7-4　列表 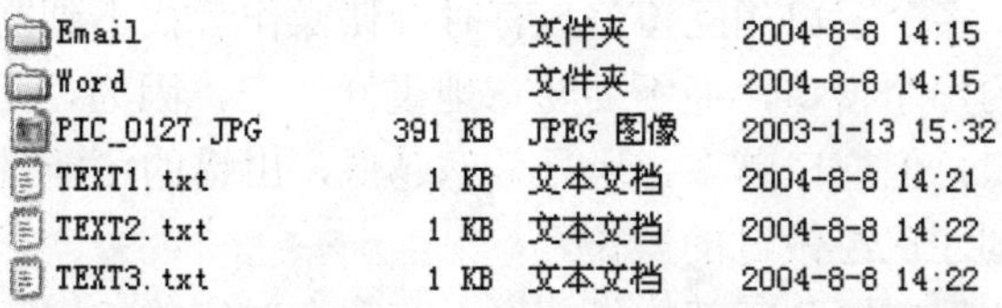　　　　　　　　　图 2-7-5　详细信息 　　　　　　　图 2-7-6　缩略图

当文件夹内容框中内容很多时，按一定次序排列会有助于观看和寻找。在"查看"菜单中把光标移到"排列图标"，在下一级菜单中选择"名称"、"大小"、"类型"、"修改时间"选项，分别使文件和文件夹按名字、大小、扩展名、建立或最后修改时间排列。

在资源管理器窗口打开的情况下可以进行其他操作，如运行应用程序等（这就是多任务的好处）。如果这些操作增加、删除或改变了一些文件、文件夹，原来打开的资源管理器窗口中可能仍然显示旧的状况，这时使用"刷新"菜单项，就使资源管理器显示当前的最新状况。

前面已经提到，有些文件类型与应用程序在 Windows XP 中有固定的关连，对属于这些类型（也就是有某些特定的扩展名）的文件，资源管理器会自动地隐没扩展名，使显示内容较为简洁。

如果希望看到所有文件的扩展名，可以从资源管理器的菜单栏开始，依次选中"工具"、"文件夹选项"、"查看"选项，再单击"隐藏已知文件类型的扩展名"选项，使其左边的勾消失，再单击"确定"按钮。

2.7.2　键盘命令

依靠菜单可以进行各种操作，但有些常用的操作依靠一层一层的菜单选择，会显得麻烦，Windows XP 为此向用户提供了另一种使用键盘的简捷操作方法。

按 Win 键，可以像单击"开始"按钮一样打开菜单。

按 Win+E 键，可以打开与资源管理器相似的"我的电脑"窗口。

按 Win+R 键，可以打开"运行"对话框。

在鼠标器失效的特殊情况下，也可以依靠键盘进行操作：

菜单栏上的各项菜单名后面，都有加括号的字符（键名），表示按 Alt 加这个键就相当于单击这一菜单名。

打开菜单后，在菜单项的说明文字后面，有加括号的字符（键名），表示按这个键就相当于单击这一项。

在对话框中，连续按 Tab 键，会看到各个选项卡、按钮、复选框、列表等依次被围上一个方框，这个方框围到哪一项，按回车键就相当于单击这一项。在有些情况下（如对列表），在回车前还要用向上、向下的方向键移动光带到欲选的项上。

Alt+F4 键关闭窗口，不再有窗口可关时，Alt+F4 相当于单击"开始"按钮并选择"关闭计算机"。

2.7.3　寻找窗口

窗口是 Windows 的基本特色，熟练的使用者会同时打开许多窗口，高效地进行工作。初学者也常会打开许多窗口，但不一定是出于自己的本意，因为在摸索学习的过程中，一不小心就会冒出一个新窗口。多个窗口相互覆盖，有时会使操作者找不到需要的那一个。在这种情况下，应当找出隐藏的那个窗口，而不要随意地重开一个，因为，虽然 Windows XP 允许反复开出多个同样的窗口，但窗口越多，运行效率越低，出错的可能性也越大；另外，对新窗口可能还要重做一遍刚才已经做过的操作。

每个应用程序窗口，都在屏幕底部的任务栏上有一个对应的按钮，按钮上标有程序的名字（窗口标题栏的内容），单击一个按钮，对应的窗口就成为活动窗口，显示在所有窗口之上。

　　如果同时打开的窗口很多，任务栏上的按钮很小，不能完整显示窗口的名字，这时可以按 Alt+Esc 键，使各个窗口依次成为活动窗口，直到所要的窗口成为活动窗口。

2.8　计算机病毒的防治

2.8.1　计算机病毒简介

　　计算机病毒并不是真正的生物体病毒，而是一种特殊的计算机程序。这种程序的作用不是完成某一有益的任务，而是妨碍计算机的正常工作，甚至破坏计算机中保存的程序和数据。

　　计算机病毒是由一些恶作剧或蓄意破坏的专业人员编制出来的，它会安插在其他程序中或电子邮件中，以隐蔽、欺骗的方式传播到计算机中，一旦得到运行的机会，病毒程序又会向其他计算机传播。如此一传十，十传百，使病毒像生物病毒一样传染蔓延。所以，我们说计算机病毒具有传染性。

　　大部分病毒程序的作用并不仅仅是使自己传播扩散，它还会故意破坏或删除其他文件，甚至删除整个硬盘上的文件，或者把硬盘上的数据通过网络发送出去，给计算机的用户造成损失。所以，我们说计算机病毒具有破坏性。

　　为了掩人耳目，增加传染的机会，计算机病毒的破坏作用并不是随时发生的，病毒进入一台计算机后，在一段时间内可以只传染，不破坏，因而使人们不易觉察，直到符合某种条件（例如到某个特定日期）时才现出原形，产生破坏。所以，我们说计算机病毒具有潜伏性。

2.8.2　计算机病毒的防范

　　为了防止计算机病毒的危害，必须在使用微机时注意防范。

　　病毒是安插在有用的程序中，利用有用程序运行的机会而运行的。这里所说的有用程序，包括以下几种类型：

　　（1）程序文件，例如以 EXE 为扩展名的文件。

　　（2）以 DOC、XLS 等为扩展名的文件，是 Word、Excel 等应用程序的操作对象，其中除了保存文档、表格等内容外，也包含程序（称为"宏"），在 Word、Excel 打开这些文件时自动执行。

　　（3）一种称为"脚本"的程序，它们是为使因特网上的内容更加丰富、生动而问世的。

　　（4）硬盘上还存在着一些不以文件形式出现的程序，操作系统在启动时会运行这些程序，我们暂且把它们都称作引导程序。

　　以上几种程序都会带上病毒，在它们运行时病毒程序也得到运行，发生进一步的传播或破坏。相应的防范措施有：

　　尽量不运行安全性差的外来程序文件，包括从他人处复制的、网上下载的。在目前，以电子邮件附件的形式传播的病毒较为常见，因此，对来历不明的电子邮件，坚决不打开其附件；对来自熟人的电子邮件，如果不知道其中的附件是什么，也不打开，因为这封信可能是病毒借助"地址簿"发来的。

　　用 Word、Excel 打开外来的 DOC、XLS 文件时，如果出现提到"宏"的对话框，不选择"启用宏"。

由于新的软件不断产生，一台机器是很难不使用外来的程序的，在这种情况下，应当做到：

（1） 尽量使用通过正常途径购买的正版软件，而不使用随便复制来的软件，正版软件带病毒的可能性极小。

（2） 如果不得不使用外来程序，在使用前，先用查病毒软件检查，以减少带入病毒的可能性（注意：仅仅是减少！）。

（3） 平时应定期对重要的数据文件进行复制，用 U 盘或另一个硬盘保存副本，以防计算机病毒的破坏造成不可挽回的损失。

2.8.3 计算机病毒的检查和清除

一台计算机上是否带有计算机病毒，从表面上一般是不容易看出来的。我们可以用专门的反病毒软件来检查。

反病毒软件是利用各种病毒程序的特征或行为来判断其存在的，如果反病毒软件的作者对某种病毒的特征和行为不了解，他的软件当然查不出这种病毒。由于新的病毒在不断地产生，旧的病毒还会发生变种（被人"改进"），所以没有一种反病毒软件能够确保可靠地查出一切病毒，现在没有，将来也不会有。

如果发现机器的磁盘中有病毒，就要设法清除病毒，反病毒软件也具有清除病毒的功能，能够在清除病毒的同时，使受到病毒影响的有用程序恢复本来面目，这不是一件容易的事。经过多年的发展，一些著名的反病毒软件已经具有很好的性能，但由于新病毒的层出不穷，没有一种反病毒软件能确保安全可靠地清除一切病毒。

尽管反病毒的软件不是十全十美，但只要正确地安装和使用，并且保持定期升级，还是能够有效地对付大多数病毒的。

第3章　Word 2003

3.1　Word 2003 基础

Microsoft Word 是由微软公司开发的基于 Windows 环境下一种优秀的文字处理软件，也是 Microsoft Office 家族中的一员。

Microsoft Office 2003 最常用的组件包括：

（1）文字处理软件——Word 2003。

（2）电子数据表格软件——Excel 2003。

（3）幻灯片制作和动态演示文稿软件——PowerPoint 2003。

（4）关联式数据库管理系统——Access 2003。

（5）桌面信息组织和管理程序——Outlook 2003。

Microsoft Office 2003 较常用的组件包括：

（1）商业项目管理软件——Project 2003。

（2）桌面出版软件——Publisher 2003。

（3）可视化流程图和矢量绘图软件——Visio 2003。

（4）捕获、组织和重用计算机上的便笺程序——OneNote 2003。

（5）站点创建和管理软件——FrontPage 2003。

（6）开发 XML 为本用户表格的软件——InfoPath 2003。

Office 2003 Service Pack 3 （SP3） 是 Office 2003 安全性演进过程中的一个重大改变，它进一步强化了 Office 套件，使之能够有效抵御潜在的攻击和其他安全威胁。本章只介绍 Word 2003（中文版）的基本功能和使用方法。

3.1.1　Word 2003 的窗口组成与操作界面

进入 Word 2003，操作界面如图 3-1-1 所示。

整个屏幕主要分为六个部分：菜单栏、常用工具栏、格式栏、标尺、文本区以及其他屏幕元素。

1. 菜单栏

除控制菜单外，Word 2003 共有九个菜单，它们分别为：文件、编辑、视图、插入、格式、工具、表格、窗口和帮助。菜单是从菜单栏下拉而成的，其中包含了在 Word 中工作所需的大部分命令。通过 Alt 键也可进入控制菜单栏，再按左右光标键就能进入菜单栏。

2. 工具栏

常用工具栏位于菜单栏下面，其中包含了用户可以从菜单栏发出的常用命令，如文档的新建、打开、保存、打印、预览、拼写检查等。当鼠标器指针放在某个命令按钮上，Word 将显示该命令按钮的功能。

3. 格式栏

格式栏位于常用工具栏右端并列或下面（往往可以通过拖曳来重新放置它的位置），格式栏包含了大多数常用的字符和段落的格式化命令，如设置文档的样式、字体、字型、对齐以及缩排等。与常用工具栏一样，当鼠标器指针放在某个命令按钮或其选框上，Word 将显示该命令按钮的功能，如 黑体／字体 。常用工具栏和格式栏以及其他工具栏（如符号栏等）的显示与否可以通过"视图"菜单中的"工具栏"命令（子菜单）来设置。

4. 标尺

标尺位于格式栏下面，它隶属于文档，不同的文档可以在各自的文档窗口编辑，而每个文档窗口都有其自己的标尺。标尺可以用来设置制表位、页边距、段落缩进等格式化信息。在页面视图中，屏幕左边还可以显示一条垂直标尺。

5. 文本区

文本区是文档窗口中央的空白处，占据着屏幕的大部分空间。在文本区中可以输入文本、表格和图形。文本区包含一个位于屏幕左边的标识栏，我们称之为文本选定区。在文本选定区中，鼠标器指针会改变为，表示可以选定文本。在文本区中，插入点（ | ）指明文本键入时的当前光标位置，换行标记表示另起一段，如图 3-1-1 所示。

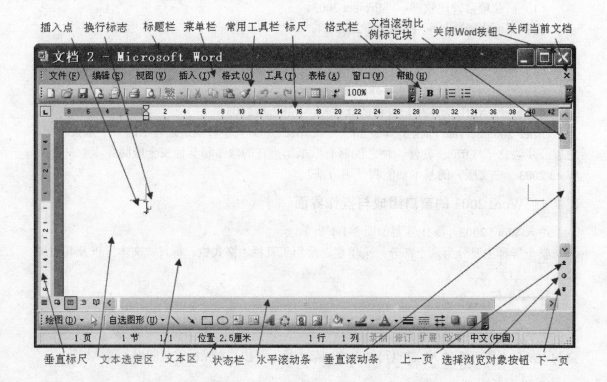

图 3-1-1　Word 2003 操作界面

6. 其他屏幕元素

除了上述的几个屏幕组成部分外，Word 2003 还提供了其他一些帮助用户处理文档的屏幕元素。

（1）标题栏：位于屏幕的顶部，显示出当前正在编辑的文档名。

（2）状态栏：位于屏幕的底部，显示出当前文档的有关信息（如当前页号、节号、总页数、插入点当前位置以及当前时间等状态），其中还有四个切换或调用开关按钮 录制 修订 扩展 改写 。

（3）滚动条、滚动框：可用来滚动文档，在每个文档窗口的右边和下边各有一个（见图 3-1-2）。其中滚动框指示当前屏幕显示的内容在文档中的位置，当鼠标指针按住或拖曳右边滚动框时，当前屏幕显示的内容所在的页码也将随之显示。另外在水平滚动条左端还有四个视图切换按钮。

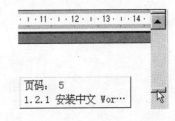

图 3-1-2　滚动条

3.1.2　Word 2003 帮助系统的使用

虽然 Word 的操作界面非常友好，各种按钮都用图形表示，并有中文提示，但 Word 2003 的屏幕元素非常丰富，对于初学者来说，面对的信息量还是很大，因此，Word 提供了联机帮助系统来帮助用户了解各种功能的使用。

选择"帮助"菜单中的"Microsoft Office Word 帮助"选项，或者按键盘上的功能键 F1，系统将在 Word 窗口右侧弹出一个与文档并列的、名为"Word 帮助"的窗口（见图 3-1-3）。

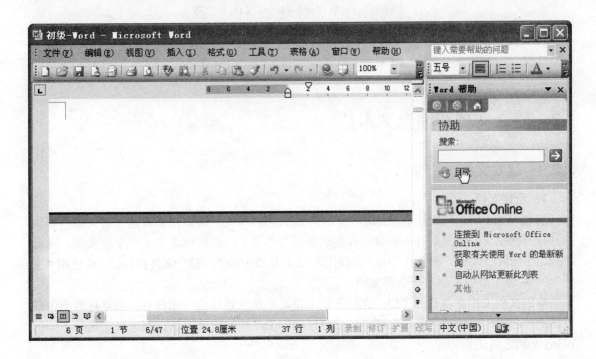

图 3-1-3　"Word 帮助"窗口

在这个窗口中，有几种方法可以找到自己需要的帮助信息：一是在"搜索"框内录入一个主题；二是选择"目录"超链接，在类似于资源管理器文件夹窗口的目录（见图 3-1-4）中逐层找到所需内容；三是在线连接到 Office Online 获取帮助。

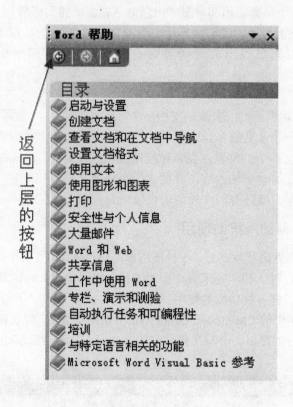

图 3-1-4　"Word 帮助"窗口"目录"下的选项

3.2　建立文档和编辑文本

3.2.1　建立文档

1．新建文档

启动 Word 后，我们很容易地建立一个新的文档。首先，可以把需要建立的文档内容输入到打开的空文档，然后存入磁盘（存盘时给出文件名），这样就建立了一个新文档。除此之外，在任何时候用户都能在 Word 中使用常用工具栏中的"新建"文件按钮 ；或使用"文件"/"新建"命令来建立一个新文档。

新的文档工作在自己的窗口、在任务栏上将显示出它也作为一项任务，用鼠标器单击任务栏上的按钮，或通过"窗口"菜单，或通过 Alt+Tab 快捷键等方法，都可以在这些不同的 Word 文档之间切换。

2．文本输入

文本的输入就是在文本区的插入点处输入文本内容。随着文本的输入，插入点会从左向右移动，以提示下一个字符出现的位置。中文和英文以及各种字符都可以混合输入。当输错一个字或字符需要纠正时，可以按退格键（Backspace），删除光标左边的内容；或按 Del 键，删除光标右边的内容。

文本输入到标尺右缩进处将自动换行。段落结束时应按回车键，这时光标转到下一行的行首位置，可以继续输入一个新的段落，直到全文输入结束。

常用工具栏与格式栏是默认显示在 Word 菜单下面，且并排于左右，其中显示常用的按钮，而另一些命令按钮则可通过单击两个工具栏右侧的"工具栏选项"按钮来打开（见图3-2-1）。展开常用工具栏按钮，其中的"显示/隐藏编辑标记"按钮 ，可以让文本中段落标记符显示或隐藏。

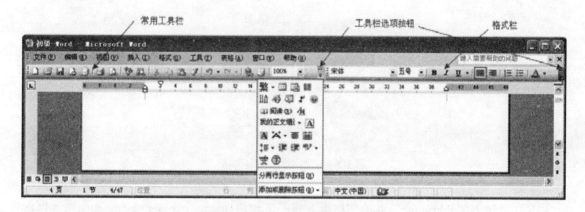

图 3-2-1　常用工具栏与格式栏选项按钮

（1）汉字输入法提示行的打开和切换。在准备输入汉字时，先要确定采用何种汉字输入法来输入汉字。在 Windows XP 中，单击任务栏右端的输入法指示器 ，就能打开输入法列表（见图 3-2-2），从中选择自己习惯的输入法。这里推荐使用的是"智能 ABC 汉字输入法"，选中这一输入法后，屏幕左下方显示输入法提示行按钮 。用快捷键 Ctrl+Shift 能打开或关闭汉字输入法提示行。

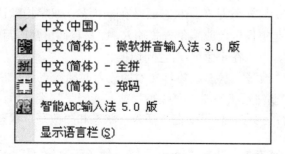

图 3-2-2　输入法列表

在汉字输入中，往往会夹着一些英文词汇，这时可以暂时关闭提示行，也可以单击提示行中的![]按钮，使之变为![]，需要恢复汉字输入时再打开提示行，或单击![]。

另外，按 Ctrl+Shift 键可以在各种输入法之间进行切换。

（2）智能 ABC 汉字输入法。智能 ABC 汉字输入法的一个主要优点是可以使用词组输入。

例如，在![标准]状态下，键入![shh]，即"上海"的声母，再按空格，便出现重码区（见图 3-2-3）。单击或键入 9，便将"上海"两字输入到当前编辑位置上。

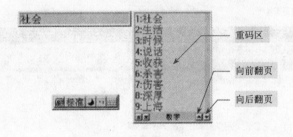

图 3-2-3　汉字输入重码选择

又如，键入"zhhrmghg"并按空格键，重码区将出现![中华人民共和国]词组。再按空格键，便将该词组输入到当前光标位置上。

（3）全角/半角方式。在输入过程中，单击提示行中第三个按钮![]，可选择全角/半角输入方式。

全角方式![]就是通常所说的"纯中文方式"。此时，所有的西文字符均以汉字大小出现，即每个字符占一个汉字的位置。半角方式下，所有的西文字符均占半个汉字的位置。全角和半角方式在输入文本的过程中可随时切换，这主要根据自己希望输入的西文字符占多大位置来决定。

一般我们在输入一篇纯英文的文章时，可以关闭汉字提示行，采用半角方式；而在输入一篇纯中文的文章时，则既可用全角方式，也可用半角方式。但在某种汉字提示状态下（如智能 ABC 汉字输入法），不管是在![]状态还是在![]状态，汉字均默认以全角方式输入，而大写字母、数字等符号是根据全角或半角方式输入，即与我们日常所写的标点符号形式一致。另外，按 Shift+空格键，可以在全角/半角之间切换。

（4）"插入"和"改写"状态。随着文本的输入，插入点会从左向右移动，以提示下一个字符出现的位置。要注意状态栏中"改写"状态应当呈黯淡显示，否则就不是插入，而是改写插入点后面原有的内容。如果要在"插入"状态和"改写"状态之间进行转换，可以双击状态栏中"改写"状态处，或按"Insert"键，使之变为"改写"![改写]。

（5）中文符号/西文符号方式。为了方便中国用户在文档中使用中文标点符号，输入法提示行中左起第四个按钮便能在中文符号![]和西文符号![]之间进行切换。在中文符号方式，按一个标点符号键可以转换成汉字所用的符号，如双引号，按奇数次键，得到的是左边（"），按偶数次键，得到的是右边（"）。输入的中文符号都是全角符，占两个西文字符的位置。常用汉字标点的使用如表 3-2-1 所示。

表 3-2-1　常用汉字标点的使用

键名	，	.	\	-	<	>	'	"
标点名称	逗号	句号	顿号	破折号	左书名号	右书名号	单引号	双引号
汉字标点	，	。	、	——	《	》	''	""""
键名	:	;	?	&	^	$	(	)
标点名称	冒号	分号	问号	短划线	省略号	货币符	左括号	右括号
汉字标点	：	；	？	—	……	￥	（	）

对于书名号"《》"的输入，可以按"Shift+<"键或"Shift+>"键，要注意，当首次按下"Shift+<"键，将出现的是"《"，在按"Shift+>"键前再按"Shift+<"键，出现的将是"〈"，要通过"Shift+>"键使"〉"符号配对出现后，才会有"》"。

在输入西文时，有时会在输入的文字下出现红色或绿色波浪线，红色波浪线表示可能有拼写错误，即该词在系统词库中没有，提醒用户改正。绿色波浪线表示可能有语法或句法错误。这些波浪线在打印时不会出现。

3.2.2　打开文档

1．打开 Word 文档

要编辑一个磁盘上已有的文档，首先要将它打开。打开磁盘上已有的 Word 文档，可以单击常用工具栏上的"打开"按钮（或用"文件"菜单中的"打开"），这时屏幕上将会弹出"打开"对话框（见图 3-2-4）。

在"查找范围"下拉列表中选择要打开的文档所在的文件夹，然后在下面的文件名列表中选中要打开的文件，再单击"打开"按钮，文档即被打开。

Word 允许同时打开多个文件，按住 Ctrl 键不放，单击各个要打开的文档文件名，使之有选中标志，然后再按"确定"按钮，便可将所选的多个文档同时打开。图 3-2-4 中有四个文件被选中。

在"打开"对话框中的"文件类型"框内，一般默认为"所有 Word 文档"，如果要打开的文档不是 Word 文档，则可以下拉"文件类型"列表框，从中选择相应的文件格式（如 XML 文件、所有网页以及文档模版等）。

在"查找范围"框的右边有一排命令按钮，其中，使"查找范围"中的文件夹向上一级，删除选定的文件，新建文件夹，是视图按钮，用于为文件列表选择几种不同的显示方式：列表、详细资料、属性、预览。

图 3-2-4 "打开"对话框

当鼠标指针放在任何一个按钮上，都将显示该按钮的功能提示。在 Word 的许多对话框中，可以直接进行文件管理的操作，而不必进入 Windows 资源管理器。例如，在"打开"对话框中的"名称"区域内，单击鼠标右键，便能打开一个快捷菜单，从中可以看到许多原属于文件管理的操作命令，如文件的删除，重命名，属性等命令。

上述的这些按钮和功能，在 Word 的许多与文件有关的对话框中都将出现，以后就不再重复介绍了。

如果要打开的文档是最近打开过的，还有两种方法能够更快捷地打开：一是在 Word 的"文件"菜单底部找到这个文档，单击即可打开；二是在 Windows XP 的"开始"菜单中把光标移到"我最近的文档"，在随后出现的文件列表中选择文档。

2．宏病毒的防御

随着 Word 用户的增多，一些计算机病毒制造者也在积极地炮制针对 Word 文档的宏病毒，这种病毒藏身于文档中称为"宏"的部件里，它的传播速度很快，通过计算机磁盘及网络进行文档传递时，往往会不知不觉地在自己的电脑上感染上宏病毒。

Word 2003 提供了"宏"的预警功能，当我们打开一个含有"宏"的文档时，系统会弹出一个对话框。

"宏"是 Word 的一种高级功能，文档中使用它能够完成特定的任务，但对来自其他机器的 Word 文档，或打开的是来路不明的 Word 文档时，应当选择"取消宏"按钮，这样，即使文档中含有宏病毒，也不会有任何危险。

3．利用"自动恢复"功能，打开丢失的文档有时由于误操作或系统资源的限制，在编辑 Word 文档时死机或非正常关闭 Word 而尚未保存文档。Word 2003 提供了"自动恢复"功能，可以打开丢失的文档。

（1）重新启动 Word 2003。

（2）在"打开"对话框中单击"工具"按钮，用"查找"命令进入"查找"对话框，在"高级"选项卡，"属性"框选择"上次保存者"，"条件"框自动弹出"是（精确地）"，"搜索范围"框下拉选中"我的电脑"，"搜索文件类型"选用默认的"Office 文件"，然后单击"搜索"按钮，可以快速找到那些自动恢复的文档，双击选中的文件返回"打开"对话框，便能重新打开找到的文档了。

（3）保存。当提示信息询问是否覆盖原有文档时，单击"是"按钮。

注意：退出 Word 时，任何未保存的恢复文件都将被删除。

3.2.3 文本编辑

1．选定文本内容

Word 的字处理有一个特点："先选中，后操作"。在操作时先要指明对文档哪些内容进行处理。

在选定文本内容后，被选中的部分以黑底白字突出显示，有时也可以是彩色；颜色的显示取决于控制面版中颜色的设置。

（1）用拖曳选中一个字或文档的一部分。将鼠标器指针移到要选的汉字或字符前，拖动一个汉字或字符或要选中部分的末尾，然后松开鼠标器按键，该字或该文档的一部分被选中。

（2）用单击+按键选中文档的一部分。将选择光标定位于要选定部分的首部，然后通过窗口右端的滚动条，找到要选定部分的尾部，按下 Shift 键+单击，就可选中要选的部分。

（3）选中一行或多行。将鼠标器指针移到要选行的左端——文本选定区，这时鼠标器指针变为 ，单击鼠标器左键，该行便被选中。如果要选中连续的多行，可以先选定连续行中的第一行，不释放鼠标器按键，将鼠标器在文本选定区内向上或向下拖动若干行，便选定了多行。

（4）选中整个文档。打开"编辑"菜单，选择"全选"命令，或用 Ctrl+A 快捷键来选定整个文档内容。

（5）撤销选定。要撤销选定的文本内容，可以在文本区的任何地方单击鼠标器。

2．剪切、复制和粘贴

剪切、复制和粘贴是常用的编辑功能，它们是通过 Windows 的剪贴板来实现的。剪贴板是内存中一个临时存放信息（如文字、图像、声音以及动画等）的特殊区域。当执行选定文本操作后，有剪切和复制两种方式将所选定对象存放到剪贴板上去。

在 Word 2003 中，用户可以同时在剪贴板中存放 24 个项目，这样就大大方便了用户的操作。粘贴时一般只粘贴最后一项，也可以通过剪贴板工具栏进行选择。

"剪切"功能 将选取的对象从文档中删除，并放入剪贴板。

"复制"功能 则将选定对象的一个备份复制到剪贴板。

只要没有再进行新的剪切或复制操作，剪贴板上的内容是不会改变的，除非退出 Windows。

"粘贴"功能 则可以将剪贴板上的内容粘贴到文档中插入点所在的位置后面。

因此，对于选定的文本使用剪切和粘贴（或者拖曳），可以实现文本块或图形的移动；使用复制和粘贴（或者 Ctrl+拖曳），可以实现文本块或图形的复制。注意：用拖曳移动或复制时将不在剪贴板上留下信息。

由于剪贴板是 Windows 系统设置的，因此，通过它不仅能在同一文档中实现移动和复制，还能在不同的基于 Windows 的应用程序之间实现移动和复制。

剪贴板上的内容可以通过"编辑"/"Office 剪贴板"命令而显示在右边窗口内，就像 Word 帮助窗口一样（见图 3-2-5）。复制到剪贴板上的信息有的是来自 Word、Excel、PowerPoint、FrontPage、Access 等各种应用程序中的对象或元素。因此，通过它不仅能在同一文档中实现移动和复制，还能在不同的基于 Windows 的应用程序之间实现多项移动和复制。

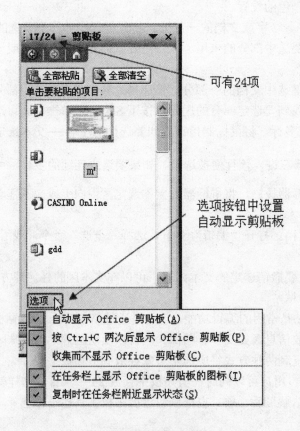

图 3-2-5　剪贴板窗口

另外，对于选定的文本，单击鼠标器右键，打开快捷菜单，其中也列出了编辑时常用的命令，如剪切、复制和粘贴等，而"编辑"菜单中也有这些命令。

图 3-2-6 为剪切、复制和粘贴的图示。

图 3-2-6　剪切、复制和粘贴图示

3．特殊字符和符号的插入

在文档编辑中，常常需要用一些特殊字符和符号来增加文章的可读性和趣味性，而键盘上没有这些特殊的符号按键，如五星符（★）、带圈的数字符（如①）、眼镜符✍、剪刀符✂等。

特殊字符和符号的插入是通过"插入"菜单中的"符号"和"特殊符号"命令，分别打开"符号"和"特殊符号"对话框实现的（见图 3-2-7）。

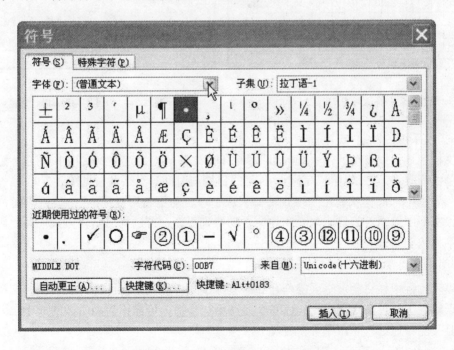

图 3-2-7　"符号"对话框的"符号"选项卡

在"符号"对话框中有"符号"和"特殊字符"两个选项卡。

在"符号"选项卡的"字体"列表框中，可以选择需要的符号和汉字，每选取一种字体，都会显示出该字体的符号表,有些字体还有子集,如字母组合,部首、图形及难检字等。当利用鼠标器单击某个符号,该符号便会放大供用户辨认。

当确认该选择后,可先按下"插入"按钮,这时"插入"按钮右边的"取消"按钮会变成"关闭"按钮,再按下"关闭"按钮便可将所选定的符号插入到文档中。

另外,对于经常使用的特殊符号,还可以为它设置快捷键,以增加录入的方便性,即单击"快捷键"按钮进入"自定义"对话框的"键盘"选项卡来设置快捷键。

"特殊字符"选项卡是显示特殊字符的列表,如"§"等,该选项卡的使用与"符号"选项卡类似。

另外,当我们使用"特殊符号"命令,进入"插入特殊符号"对话框(见图3-2-8),在"特殊符号"等六个选项卡中可以找到各种特殊的符号。

图 3-2-8 "插入特殊符号"对话框

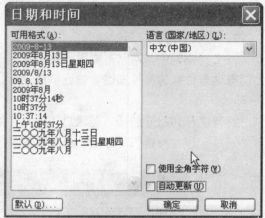

图 3-2-9 "日期与时间"对话框

4．插入系统的日期与时间

在文档中还可以自动插入系统的日期和时间。先将插入点定位到文档中适当位置,从"插入"菜单中选取"日期和时间"命令,打开"日期与时间"对话框(见图3-2-9),在"可用格式"列表框中选取喜欢的显示格式。如果选中"自动更新"复选框(√),则每次打开该文档时,文档中被插入的日期与时间均会自动得到更新;若选择"全角方式"项,则英文字母和数字将按全角方式插入。

5．撤销与重复

在编辑过程中往往会发生误操作,如误删除了某一段文本或图形,误替换了文档中的文本以及误设置了某种格式等。Word 2003 允许用户反悔,可撤销前面所做的成千上万步的操作,并且又能够通过重复命令来恢复。

撤销可利用常用工具栏上的命令按钮 来实现,重复操作则可用 按钮。"撤销"按钮和"重复"按钮右边都有一个下拉列表。

注意:撤销必须先从上一个动作开始,而无法直接撤销上一个动作之前的某个单一或连续动作。

3.2.4　文档的保存和关闭

当文本的输入、编辑完成后，切记要保存文档。因为用户输入到计算机中显示在屏幕上的文档仅存在计算机的内存中，一旦退出 Word 或关机，内存中的内容将不再存在，所以用户应当随时将录入的内容存储到磁盘上，以便日后修改和使用。

1．同名保存文档

如果用户正在编辑的文档是某个磁盘上的文件，经过修改后希望以同名保存文档，可以单击常用工具栏上的"保存"按钮 ；也可以使用"文件"菜单中的"保存"命令。

Word 还提供了一种"自动保存文档"的功能，用户可以设置时间间隔，让 Word 每隔一定时间（系统默认为 10 分钟）自动完成文档的存储，以减少因死机或断电所造成的损失。设置自动保存文档功能的方法如下：

打开"工具"菜单，选择"选项"命令，在弹出的"选项"对话框内，单击"保存"选项卡。

在"保存选项"区域选中"自动保存时间间隔"复选框，使之有选择标志，并在其右边的"分钟"框内键入数字或用鼠标器单击上下箭头以增减自动保存文件的时间间隔。

通过"保存"选项卡右边的"安全性"选项卡还可以为文档设置口令以实现文档的保护。在"选项"对话框内还有许多其他的选项卡可供用户选择，随着我们对 Word 使用的进一步掌握，可以利用其他的选项卡进行各种设置。

2．另存新文件

如果用户需要保存一个正在编辑的新文档，或需要保存一个旧文档但希望以不同的文件名存储而不影响原来的文件，这时可以将文档以新的文件名保存。方法如下：

打开"文件"菜单，选择"另存为"命令，系统将弹出"另存为"对话框（它与"打开"对话框的操作类似）。

在"另存为"对话框内选择"保存位置"和"文件名"选项，"保存类型"一般可以是"Word 文档"，然后单击"保存"按钮，Word 便按用户指定的保存位置（文件夹）、文件名和文件类型保存文件。

有时，用户正在编辑的是一个从未存过盘的新文档（如"文档 1"），要以某个文件名存入磁盘，除了上述方法外，还可以单击常用工具栏上的"保存"按钮 ，或使用"文件"菜单中的"保存"命令，系统也将弹出"另存为"对话框，用户便可以在其中进行设置。

3．保存文档的多个版本

由于高于和低于 Word 2003 的版本有 Word 2007、Word 2000 以及 Word 97 等，它们都有较为广泛的用户群，在"文件"菜单中有一条"版本"命令，它主要用于在一篇单独的文档中保存和管理一篇文档的多个版本。在保存一篇文档的多个版本后，可重新审阅、打开、打印和删除先前的版本。

"版本"命令执行后，系统将弹出相应的对话框，其中"关闭时自动保存版本"选项表示每次关闭文档时自动保存文档版本。如果希望只在单击"现在保存"按钮时保存版本，可清除此复选框。保存文档的多个版本会增大文件，如果文档过大，可删除不需要的版本。

4．文档的关闭

要关闭当前的文档窗口，可以单击该文档窗口右上角的关闭按钮 ，或双击该文档窗口的控制菜单框🖳，也可以使用"文件"菜单中的"关闭"命令。

　　注意：如果当前只有一个 Word 文档窗口，关闭该文档窗口时将退出 Word 2003；如果当前有多个 Word 文档窗口同时打开，关闭其中一个文档窗口，不会退出 Word 2003。

　　关闭文档时，如果被修改的文档尚未存盘，系统都会提示用户存盘保存。

3.3　版式设计与排版

3.3.1　字体格式编排

　　字符是文档最基本的组成部分，文本由多个字符构成，汉字、字母、数字、标准符号和特殊符号等都作为字符。因此，文档质量的好坏，除了取决于内容外，与字体格式也有着相当密切的关系。

　　"字体格式"主要指字符的属性，它包括字体、字形、字号、色彩及各种效果等。

　　1. 字体、字号与字形等效果的一般设置

　　用户可以使用的字体的多少取决于所用的 Windows 系统以及打印机型号。

　　字体、字号与字形的设置可以通过格式栏上的"字体"和"字体大小"列表框及字形按钮来完成。

　　Windows XP 带有多种中文字体（如隶书、华文行楷等），还可以根据需要安装其他中文字体。

　　"字体大小"框中，中文字号从初号、小初到八号，是从大到小；而数字字号从 5 到 72 点，是从小到大，如果要使用更大或更小的字号，选定文字后，可以单击"字号"框，选中其中的字号（如 五号 ▾ ），然后键入相应的数字，如 108 或 3 等。

　　文字的字形变换，如使用加粗、倾斜、下划线、边框、底纹和颜色等效果，能够突出文本的重要性，增强文档的可读性。

　　进行字形变换，首先要选定要变换的一段文字，然后按下格式栏上的字形按钮。**B**——加粗、*I*——倾斜、U——下划线、A——字符边框、A——字符底纹、⬆——字符缩放（见图 3-3-1）。

　　如果要设置文字的颜色，可以先选中，然后单击"字体颜色"按钮 A▾ 右边的箭头，在打开的颜色框内设置所需的颜色（见图 3-3-2）。

　　图 3-3-3 是对文字设置了各种字体、字号、字形等效果的示例。

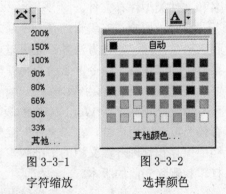

图 3-3-1　　　　　图 3-3-2
字符缩放　　　　　选择颜色

　　2. 在"字体"对话框中设置文字的多种效果

　　选定文字后，进入"字体"对话框，可以对选定的文字作更进一步的设置。

　　进入"字体"对话框，既可以打开"格式"菜单，选择"字体"命令，也可以单击右键，打开快捷菜单，从中选择"字体"命令。在"字体"对话框的"字体"选项卡中，可以设置"中文字体"、"英文字体"、"字形"、"字号"、"各种下划线"、"颜色"、"着重号"和各种效果等（见图 3-3-4）。

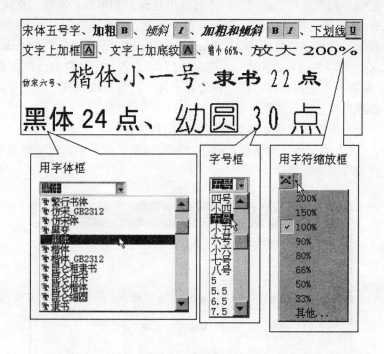

图 3-3-3　对文字设置了各种字体、字号、字形等效果的示例

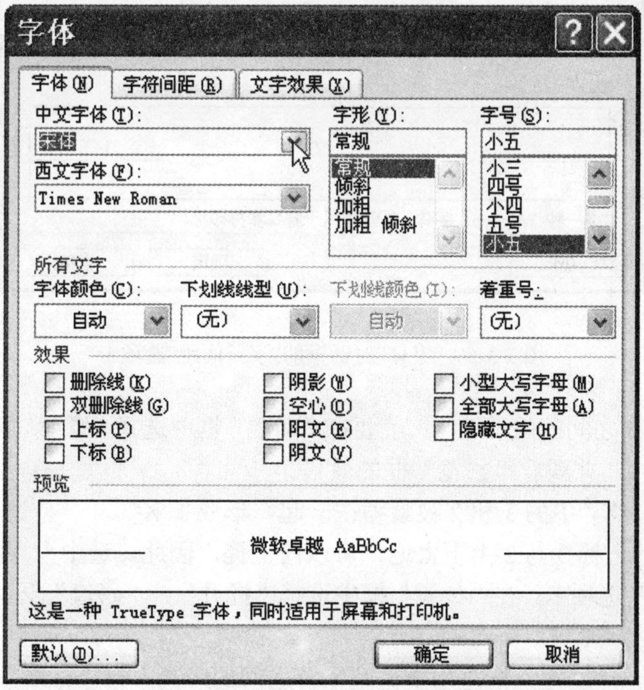

图 3-3-4　"字体"对话框的"字体"选项卡

作了设置后，在"预览"框内会反映出设置的效果，可以根据需要再作调整。

下拉"下划线"列表，可以在 17 种下划线中选择，如单线、双线、点线、波浪线等。在"效果"区有11个复选框，所选择的选项都可以在"预览"框中看到实际效果。

对于一些数学、化学等符号的表达，Word 2003 还提供了"上标"和"下标"的功能，例如，要表达 X_2^3，可以先键入"X23"，选中"2"，进入"字体"对话框，设为"下标"，再选中"3"，再进入"字体"对话框，设为"上标"，至少能出现"$X_2{}^3$"，当然，要达到X_2^3的效果，还必须设置"字符间距"。

我们仍以"X_2^3"为例来说明如何调整字符间距和位置。

先选中 X_2^3，进入"字体"对话框，单击"字符间距"选项卡，对话框就变成如图 3-3-5 所示，这时就可设置字符间距了。

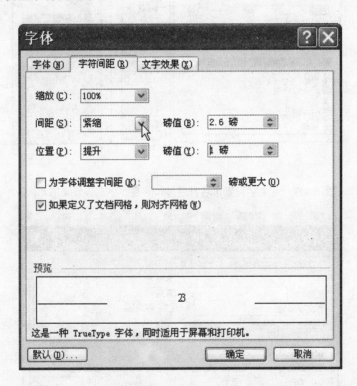

图 3-3-5   "字体"对话框的"字符间距"选项卡

我们要将 2 和 3 之间的间距缩小，就要在"间距"框中选择"紧缩"，调整其右边的"磅值"框（如 2.6 磅），并观看"预览"框的效果。

按下"确定"按钮，$X_2{}^3$中的 3 和 2 被紧缩在一起，形成了 X_2^3。

然而，X_2^3 中的上标 3 与 2 上下太近，可以向上提，因此，选中^3，重新进入"字体"对话框的"字符间距"选项卡，在"位置"框中选择"提升"，"磅值"框设为 1 磅，按下"确定"按钮，X_2^3 便变为 X_2^3。

根据上例可知，"间距"框是用于调整字符之间的距离，有"标准"、"加宽"和"紧缩"三种选择，通过其右边的"磅值"框来作精确调整；"位置"框是用于指示文字将出现在基准线及其上下位置，有"标准"、"提升"和"降低"三种选择，它通过其右边的"磅值"框作精确调整。

另外，在"字体"对话框中，还有一个"动态效果"的选项卡，有六种动态效果可以选择，一般设置为"无"。在"字体"对话框的三个选项卡中，都可以修改系统的默认值来加快编辑速度。当我们在这些选项卡上作了相应设置，按下"默认"按钮，经确认便可以将这些设置确定为 Normal 模板的默认值，以后的文字输入都将以本次的设置为准。

3．设置首字下沉

首字下沉是指将文本或段落中第一个字或字母放大并下沉，首字下沉可以加强文字的可读性。

先选中要下沉的字或字母，打开"格式"菜单，选择"首字下沉"命令，系统便会弹出"首字下沉"对话框（见图 3-3-6）。

图 3-3-6　"首字下沉"对话框

在"位置"选择框中有三个选项（其中的图示很形象地表示出各种效果）：

无——从选定段落中清除原来设定的首字下沉。

下沉——在主文字区紧靠左侧页边距处插入首字下沉字符。

悬挂——从段落的第一行开始，在左侧页边距内插入首字下沉字符。

另外，在"字体"列表框中，可以选择首字下沉的字体名称（如"长城楷体"）；在"下沉行数"框内，可以设置首字下沉的字符行数（如 3 行）；在"距正文"框内可以设置首字下沉字符与段落正文中文字之间的间距。

注意：设置首字下沉必须在页面视图下进行，否则，系统会在按下"确定"按钮后会自动切换到页面视图。

4．格式复制

Word 2003 的格式复制功能可用来加快格式设置的速度。例如，文本中有几十处的文字都要设置为"黑体、小四号、粗斜体、下划双线、着重点、阴影"的效果，而这几十处的文字是不连续的，无法同时选中。常规的设置是：选中一处，设置一处。但这样的设置很费时，因为每一处的设置都要进入"字体"对话框作很多的设置，因此，有必要使用格式刷来进行。

格式复制的操作步骤如下：

首先选定具有需要复制的格式的文字块（要是还没有的话，可以通过字型、字体和字号的变换设置一个）。

单击"格式刷"按钮 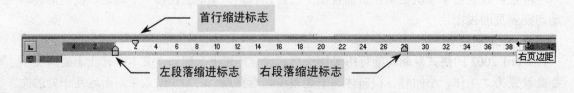，可将选定格式复制到一个位置；双击 按钮，可以将所选定格式复制到多个位置上。

这时，鼠标器指针会变成，利用它去选定要设置格式的文本块即可。若要将格式复制多个位置，则松开鼠标器按键后，再放到另一个位置上进行选定操作，全部复制完成后，再单击 按钮（使之复位）或按一下 Esc 键，便可退出格式复制状态。

3.3.2　段落格式编排

1. 段落与段落标记

文档的外观主要取决于对各个段落的编排。Word 中，段落有着特殊的意义，它可以由任一数量的文字、图形、对象（如公式和图表）或是在段落标记前的其他内容所构成，也就是说，单独一个图形或公式等都可以认为是一个段落，每个段落用一个段落标记"↵"来结束。

每当用户按下回车键，便在文档中插入一个段落标记。当用户按下常用工具栏上的"显示/隐藏"按钮，便可以看到这些段落标记符。Word 将段落定义为由一个段落标记所引导的全部文本，文本的每个字符都属于段落的一部分。段落标记不仅用于标记一个段落的结束，它还保留着有关该段落的所有格式设置（如段落样式、对齐方式、缩进大小、制表位、行距、段落间距等）。所以，在移动或复制一个段落时，若要想保留该段落的格式，就一定要将该段落标记包括进去。

2. 利用标尺调整段落

Word 中，水平标尺除了可以作为编辑文档的一种刻度，还可以用来设置段落缩进、首行缩进以及制表位。

在水平标尺上有三个缩进标志，分别为左缩进标志、右缩进标志和首行缩进标志（见图3-3-7）。其中左缩进和右缩进标志是反映选定段落左边界和右边界，而首行缩进标志则反映选定段落第一行文字开始的位置。

拖动标尺上的任意一个缩进标志，也可以设置选中段落的缩进方式。拖动时屏幕上会出现一条垂直的虚线，用户可根据虚线位置来判断要缩进的位置。

利用拖动标尺上的缩进标志来调整段落，并不能做到精确。如果要精确调整段落缩进，必须打开"段落"对话框，然后便可在对话框中加以设置。

图 3-3-7　水平标尺上的三个滑标

3．利用"段落"对话框调整段落

Word 中，对于段落的调整主要包括：段落间距、行间距、段落缩进和段落对齐。它的实现可以在"段落"对话框（见图 3-3-8）中加以设置。

与文本编辑和字符格式编排一样，对段落的调整也要先选中要调整的段落，再设置所需要的格式。一般，光标所在的段落为当前段落，进入"段落"对话框所作的设置只对该段落有效，所以，如果只对一个段落进行调整，只要将光标定位在该段落中任意位置，或者选定该段落中任意一部分文字即为选中该段落；如果要对多个段落进行调整，那就需要先选中这些段落；如果是对整个文档进行段落格式化，则必须将文档全部选中。

进入"段落"对话框的方法很多，主要有：

方法一：对于选中的段落，打开"格式"菜单，选择"段落"命令。

方法二：对于选中的段落，单击右键，打开快捷菜单，选择"段落"命令。

方法三：对于选中的段落，双击任意一个缩进标志。

在"段落"对话框中有三个选项卡，我们常用"缩进和间距"选项卡，其中含有多项设置。

图 3-3-8　"段落"对话框中的"缩进和间距"选项卡

设置段落间距以及缩进对齐的方法如下：

首先确定是对整个文档设定段落间距还是只对某个段落设置间距，按不同的需要选定段落后，打开"格式"菜单中的"段落"命令，进入"段落"对话框，在"缩进与间距"选项卡中对"常规"、"缩进"以及"间距"等区域进行设置。

（1）段落间距。段落间距分为段前间距和段后间距。　"间距"区域中，"段前"框中的行数表示每个选定段落的第一行之上应留的间距空间；"段后"框中的行数表示每个选定段落的最后一行之下应留的间距空间。段落间距大于等于 0，且可以 0.5 行为基本单位递增。

（2）行间距。行距是指段落中各行的间距（高度），打开"行距"列表可以看到有六项行距选项：

① 单倍行距：表示各文本行之间没有多余的空间，仅能保证字符不相互重叠。

② 1.5 倍行距：用户通常选择的方式，各文本行之间加入了半个空行，从而使文本易于阅读。

③ 2 倍行距：表示各文本行之间加入一个空行。

④ 最小值：表示 Word 可以自动调节到的可容纳最大字体或图形的最小行距，默认值为 15.6 磅。若用指定的行距，这些字体或图形可能容纳不下。

⑤ 固定值：表示不需 Word 调节的固定行距。若显示的字体或图形部分有缺省，可增大在最小行距或固定行距中指定的行距大小。该选项使所有行距相等。

⑥ 多倍行距：允许行距以任何百分比增减。例如，把行距设置值成 1.2 倍，则行距增大 20%；而设成 0.8 倍，则行距减小 20%。

上述六项行距选项中，只有在选择后三项时，"设置值"框才有效，用户可以输入数字或通过单击右边的上、下箭头调节所希望的行距。在下面的"预览"框中可以看到实际的效果。另外，也可以使用行距按钮 进行快速设置。

注意：当插入一个新段落时，它将自动沿用前一段落中的行距设置。

（3）段落缩进。段落缩进是一种常规的排版要求。譬如，人们习惯性地在每一段的第一行开头缩进两个汉字的位置，这样一方面能突出段落，另一方面便于阅读，并使文档较为美观。在"段落"对话框的"缩进和间距"选项卡中，"缩进"区便能设置段落缩进。

"缩进"区中的"左"框和"右"框用来设置文本相对于左、右页边距的位置。若希望文字出现在左侧页边距或右侧页边距上，应指定一个负值。

"缩进"区中的"特殊格式"下拉列表框是用来对选定段落的第一行设置其缩进的形式。打开"特殊格式"下拉列表框，共有三个选项：

① （无）：表示每个选定段落的第一行与左侧页边距对齐。

② 首行缩进：表示把每个段落的首行按其右边"磅值"框中指定的量缩进。

③ 悬挂缩进：表示把选定段落中的首行以后的各行（除首行外）按其右边"磅值"框内指定的量右移。

段落缩进也可以通过格式栏上的"减少缩进量" 和"增加缩进量" 按钮来设置。当然，在使用这两个按钮前，必须先将光标定位于欲调整缩进的段落内。不论是使用"减少缩进量"还是"增加缩进量"按钮，每次移动都是以大约 1 厘米的距离进行段落的缩进。

（4）段落对齐。段落对齐方式是指段落中的各文本行与页边空白之间的相互关系。例如，人们在处理文档时，习惯于将主标题居中，文档两端对齐以求文档的整齐划一。

Word 提供了五种段落对齐方式：两端对齐 、居中 、右对齐 、分散对齐 和左对齐。前四个对齐方式在格式栏中均有相应的命令按钮（左对齐没有按钮），它们是段落中选定的文字或其他内容相对于缩进结果的位置。若要将文字与左右页边距对齐，先要确认该段落是否被缩进过。

　　如果要修改段落对齐方式，先要将插入点定位到需要修改对齐方式的段落中，或选择靠近段落的任意部分，以便为它们指定相同的对齐方式，然后进入"段落"对话框，在"常规"区域的下拉"对齐方式"列表框中有五个选项，除了左对齐外，其余四个选项与上述四个对齐功能按钮一样。

3.3.3　各级并列项编排

　　在文档处理时，往往需要在文档的段落和标题前加入适当的项目符号和编号，从而使文档更易于阅读。

　　Word 2003 格式栏上提供了快速增加或删除项目符号和编号的两个按钮 ⏃ 和 ⏃ 。

　　图 3-3-9（A）所示的五个并列项，选中后，单击"项目符号"按钮即出现带点的并列项的屏幕显示。图 3-3-7（B）是单击了"编号"按钮后带编号并列项的屏幕显示。

Microsoft Office 2003 最常用的组件包括：

◆ 文字处理软件——Word 2003；

◆ 电子数据表格软件——Excel 2003；

◆ 幻灯片制作和动态演示文稿软件——PowerPoint 2003；

◆ 关联式数据库管理系统——Access 2003；

◆ 桌面信息组织和管理程序——Outlook 2003；

Microsoft Office 2003 最常用的组件包括：

（1）文字处理软件——Word 2003；

（2）电子数据表格软件——Excel 2003；

（3）幻灯片制作和动态演示文稿软件——PowerPoint 2003；

（4）关联式数据库管理系统——Access 2003；

（5）桌面信息组织和管理程序——Outlook 2003；

（A）　　　　　　　　　　　　　　　　（B）

图 3-3-9　项目符号和编号示例

　　在文档处理中，并列项所使用的项目符号往往需要多种造型，不光是"◆"一种，可以有"♣、§、●、B"等各种符号；同样，并列项所使用的编号也可以有多种形式，如（一）、（二）、（三）、…；A.、B.、C.、…；Ⅰ.、Ⅱ.、Ⅲ.、…；（1）、（2）、（3）、…等。所以仅以 ⏃ 和 ⏃ 命令按钮来设置并列项是不够的，这就必须使用菜单命令来编排各级并列项。

　　1. 项目符号的设置

　　选定要设置项目符号的并列项，打开"格式"菜单，选择"项目符号和编号"命令。

　　这时，系统便弹出了"项目符号和编号"对话框，其中有"项目符号"、"编号"和"多级符号"三个选项卡，图 3-3-10 所示为"项目符号"选项卡。其中暂定八种标准模式供用户选择（包括"无"——撤消项目符号）。

　　如果对系统提供的标准模式不满意，可以按"自定义"按钮，打开相应的"自定义项目符号列表"对话框，如图 3-3-11 所示。

　　用户可以从中定义项目符号字符形状、大小、颜色和项目符号位置等内容，更改时，"预览"框中可以看到其效果。如果对系统指定的项目符号字符不满意，可按下"字符"按钮，进入"符号"对话框（见图 3-3-12），下拉"字体"列表，可选择系统所能提供的各种符号。

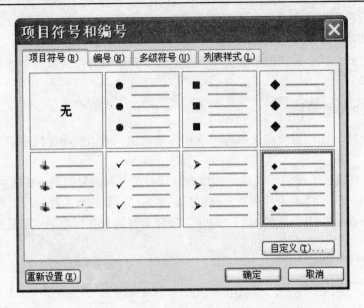

图 3-3-10　"项目符号和编号"对话框的"项目符号"选项卡

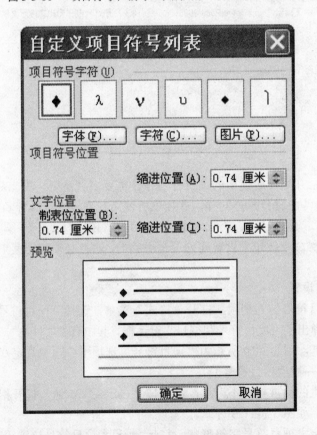

图 3-3-11　"自定义项目符号列表"对话框

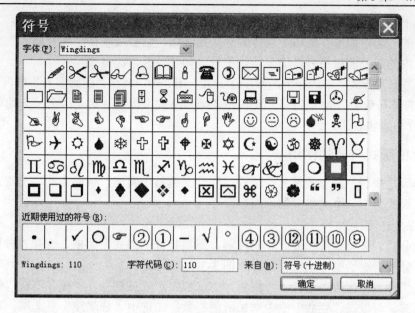

图 3-3-12　"符号"对话框

2. 编号的设置

与项目符号一样, 编号的设置也是使用 "格式" 菜单的 "项目符号和编号" 命令, 在弹出的 "项目符号和编号" 对话框中单击 "编号" 选项卡, 系统也暂定八种标准模式供用户选择 (包括 "无" ——撤消编号)。

如果对系统提供的标准模式不满意, 可以按 "自定义" 按钮, 打开相应的 "自定义编号列表" 对话框, 如图 3-3-13 所示。

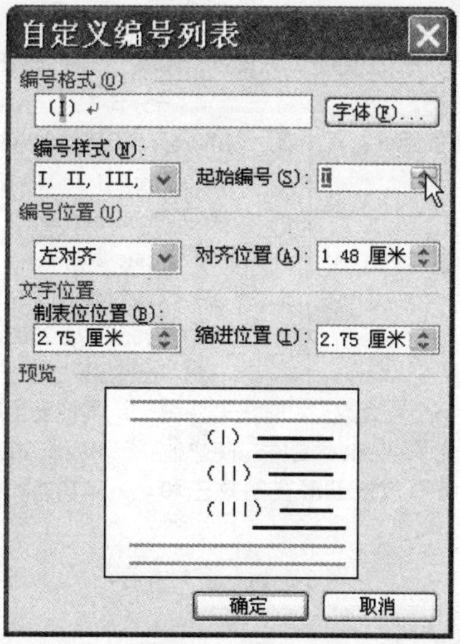

图 3-3-13　"自定义编号列表"对话框

可以在下拉"编号样式"框的列表中选择编号的样式,如1,2,3,…;一,二,三,…等。其右边的"起始编号"框用于选择编号从几开始,它会反映在"编号格式"框内,"编号格式"框内的编号前后还可以加上其他符号,如(,),、,.等。

例如,"编号样式"中选择罗马数字Ⅰ、Ⅱ、Ⅲ、……,在"起始编号"框内键入2010,这时2010的罗马数字MMX将马上反映在"编号格式"框内(这是因为一开始可能并不知道2010的罗马数字表达)。

3.3.4 分栏版式与节的使用

分栏排版是报刊、杂志最常见的版式,它使文档易于阅读,版面生动、美观。图3-3-14是多种分栏版式集于一个文档中的示例。

1. 建立分栏

要建立分栏,先要选取想要分栏的段落,然后打开"格式"菜单,选择"分栏"命令,在弹出的"分栏"对话框中进行设置,如图3-3-15所示。

其中,"预设"区可以选择"一栏"、"二栏"、"三栏"、"偏左"或"偏右";如觉得栏数不够,可以在"栏数"框中增加所需栏数;如选中"分隔线"复选框,可以在各分栏之间加上分隔线,将各栏隔开。

通常编辑的文本都算作只有一栏,而栏的宽度和间距都是默认的标准值。当选项多于一栏时,便会在"栏宽和间距"区中出现各栏的栏宽和间距,用户可以在这个区域内调整各栏的宽度和间距,以符合自己的需要。如果选中了"栏宽相同"复选框,Word将自动调整各栏宽度为统一值,使除第一栏之外的"宽度"和"间距"均为暗淡显示而无法更改。如果选择了"开始新栏"选项,则通过在插入点处插入分栏符开始新栏,分栏的效果可以通过预览框查看。

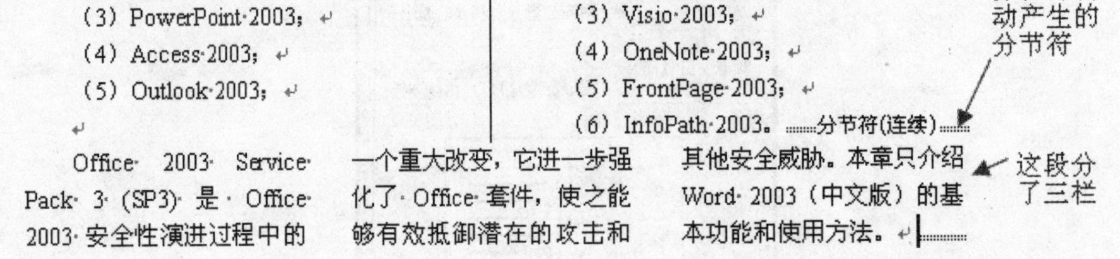

图3-3-14 多栏并存

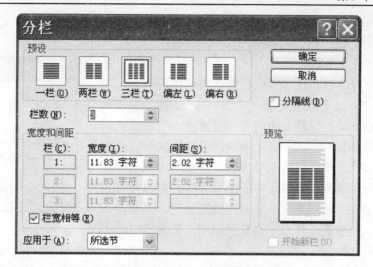

图 3-3-15　"分栏"对话框

注意：分栏的实际效果只有在"页面视图"和"打印预览"时才能准确地看到。

2．各种视图的切换

由于建立的分栏效果一般要在"页面视图"或"打印预览"才能看得到，所以，各种视图的查看和切换尤为重要。

在"视图"菜单的第一组命令中通常显示"普通"、"Web版式"和"页面"三条命令。当将鼠标器移到菜单末尾或单击菜单末尾的向下箭头，系统将显示出完整的菜单，其中包括了"大纲"和"阅读版式"命令（见图 3-3-16）。

普通视图可以用于键入编辑和格式编排工作，它在显示文本格式时，简化了版面布局，它是大多数文字处理任务（如键入、编辑和设置格式等）的默认文档视图。

Web 版式视图是可将活动文档按照在 Web 浏览器中的显示效果显示出来。

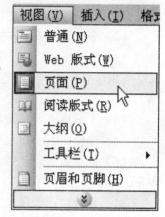

图 3-3-16　"视图"菜单

页面视图是用于查看实际打印效果的视图，能实现"所见即所得"的功能，使用户在编辑文档过程中，对最终形成的版面效果有一个清晰的了解（见图 3-3-14）。页面视图会占用更多的系统内存，这样，滚动速度会变慢，特别是在文档包含很多图片或复杂格式时。

大纲视图用于审阅和处理文档的结构，它对使用了标题样式的文档才有意义，当移动标题时，所有该标题下的子标题和从属正文也将自动随之移动。

除了用菜单命令外，还可以按下水平滚动条左端的五个视图按钮之一来切换视图，它们分别对应"视图"菜单中第一组的五条命令。

3．多栏并存与节的使用

要使文档具有多栏并存的效果，可以分别选中想要分栏的不同段落，按前面所介绍的方法建立多种分栏。

观察图 3-3-14 中在页面视图下的显示，可以看到有一栏（不分栏）、二栏、三栏的多种分栏并存于同一个文档中，而且在建立分栏时所产生的"节"被显示成"分节符（连续）"。

节是文档中可以独立设置某些页面格式选项的部分，在新建一个文档，Word 均默认它为一个节。Word 用分节符分开每一个节，分节符在屏幕上为两条水平虚线，节的格式说明保存在末尾的分节符中。所以，不同的分栏格式存放在本节的分符中，当插入点放在某个节内，屏幕底部的状态栏将显示出插入点所在的节。如果选中某个分节符，可以按 Del 键来删除这个分节符，一旦这个分节符被删除后，上节的分栏设置便消失，而与下一节的分栏设置相同，原来节中的文字作为下一节的一部分。

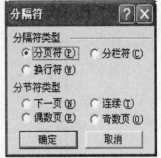

图 3-3-17　"分隔符"对话框

有时，为了设置不同的分栏，也可以插入多个分节符，然后在每个节内进行分栏。

插入分节符时，先将插入点定位于新节的位置，打开"插入"菜单，选择"分隔符"命令，在弹出的"分隔符"对话框的"分节符"区域中作相应选择（见图 3-3-17）。

其中：

（1）分页符：表示在插入点所在位置插入人工分页符。

（2）分栏符：表示在插入点所在位置插入人工分栏符。

（3）换行符：表示结束当前行，并使文字在图片、表格或其他项目的下面继续显示（即文字将继续显示在下一空行，条件是该空行中不包含与左页边距或右页边距对齐的图片或表格）。

（4）下一页：表示插入分节符并分页，使下一节从下一页顶端开始。

（5）连续：表示插入分节符并立即开始新节，不插入分页符。

（6）偶数页：表示插入分节符，下一节从下一偶数页开始。如果分节符位于偶数页，Word 会将下一奇数页留为空白。

（7）奇数页：表示插入分节符，下一节从下一奇数页开始。如果分节符位于奇数页，Word 会将下一偶数页留为空白。

3.3.5　查找与替换

查找与替换是任何一种文字处理软件必须具备的功能，Word 2003 的查找与替换功能十分强大，它不仅能查找与替换文本中多处相同的文字，而且能查找与替换带格式（字体和段落等多种格式）和样式的文本以及能用非打印字符和通配符等来进行复杂的搜索，还能进行智能查找与替换等。

Word 2003 中，查找与替换是不可分割的，从"编辑"菜单中选取"查找"命令或"替换"命令，都将打开"查找和替换"对话框，区别仅仅在于所处的选项卡不同（见图 3-3-18）。

1．无格式的查找

在"查找内容"框中可以输入要查找的文本（如"标签"）；然后可以按下"高级"按钮，这时对话框将扩展为如图 3-3-19 所示，"高级"按钮变为"常规"按钮。在"搜索范围"下拉列表框中，选择是搜索整个文档，还是仅从插入点开始向上或向下搜索。

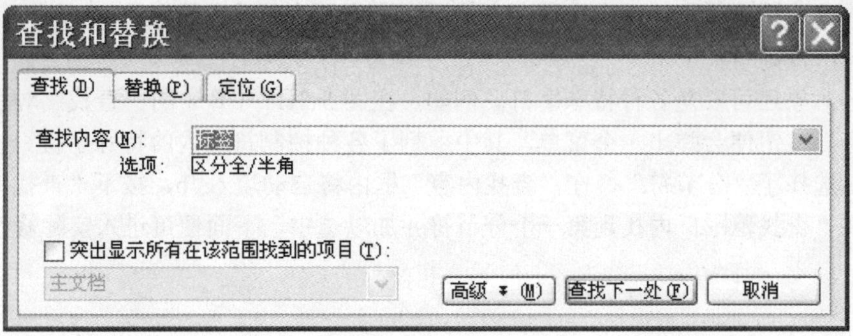

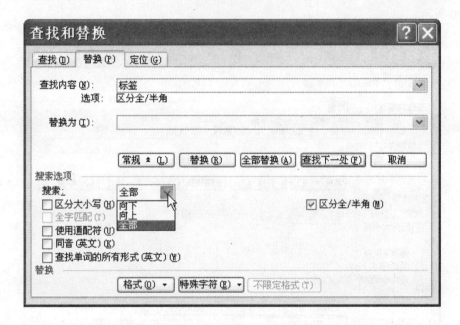

图 3-3-18　"查找和替换"对话框"查找"选项卡

图 3-3-19　"查找和替换"对话框扩展后的"查找"选项卡

为了准确地找到所要的文字，还可以使用搜索选项，如搜索范围、区分大小写、区分全半角等，这对于英文单词和各种符号的查找是很有用的。当 Word 找到所查找的内容后，会将查找结果选中，只要没有搜索完所指定的范围，用户总是可以单击"查找下一处"按钮。当需要修改查到的结果时，可单击"查找"对话框外文档窗口内的任何部位及时进行修改，修改后，再次单击"查找"对话框内非按钮部位，又能返回到该对话框，以便继续查找。若想中止查找，可单击"取消"按钮。

2．带格式的查找

查找的对象不仅仅是纯的文字，还可以是带格式的文字。例如，当用户在"查找内容"框中输入了"标签"，然后单击"格式"按钮，便会弹出一个菜单，其中的每条命令都将弹出一个对话框。比如，选择了"字体"命令，在弹出的对话框中选择要查找的字体格式，按下"确定"按钮，返回"查找"对话框。

这时"查找内容"框下面便出现了格式说明，表示要查找具有这些格式的文字，同时，

"不限定格式"按钮由暗淡变为有效，表示可以清除刚才所设定的格式。

3．查找特殊字符

查找的对象还可以是各种特殊字符。例如，在图 3-3-17（B）的"查找"对话框中单击"特殊字符"按钮便会弹出一个菜单，其中罗列了各种控制符在内的特殊字符。

又如，选择了"分节符"，在"查找内容"框内将自动填入^b，按下"查找下一个"按钮，便能在"查找范围"内找到第一个分节符并加以选中，下面便可进入实际修改或进一步查找。

4．替换

替换是以查找为基础的。打开"编辑"菜单，选取"替换"命令，便能进入"查找与替换"对话框的"替换"选项卡，在"查找"选项卡中单击"替换"选项卡也能进行替换，如图 3-3-20 所示。

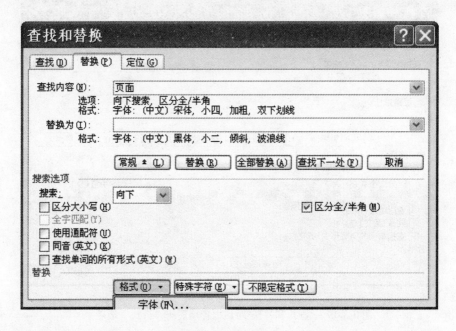

图 3-3-20　"查找和替换"对话框的"替换"选项卡

"替换"选项卡与"查找"选项卡相比多了一个"替换为"框。查找的目的在于修改或替换，所以，可以根据"查找内容"框中文字（或带格式的文字），将文档中被查找到的内容替换成"替换为"框中的文字（或带格式的文字）。

按下"替换"按钮，可以将当前找到的一个内容替换掉；当按下"全部替换"按钮，则按搜索范围进行非应答式的全部替换。

另外，当选择光标在"查找内容"框内，可以按"不限定格式"来清除其格式，或设置其格式；当选择光标在"替换为"框内，则下面"替换"区的设置对"替换为"框有效。

图 3-3-18 所示是从当前光标开始往下搜索，将下面文字格式为宋体、小四号字、加粗、双下划线的"页面"两字，替换为黑体、小二号字、倾斜、下划波浪线的格式。

3.4　使用图形

3.4.1　在文档中插入图片

　　利用 Word 可以在文档中插入图形，使版面生动活泼、图文并茂。Word 2003 中的图形，可以从许多图形软件中转换过来，并可在 Word 中进行大小调整、裁剪等。插入的图片可以像一个文字段落一样嵌在上下两段文字之间，也可以与文字左右并列。

　　要在文档中插入图形文件，可按以下步骤进行：

　　（1）将插入点定位到文档中要插入图形的位置上。

　　（2）打开"插入"菜单，选择"图片"命令，在弹出的子菜单（见图 3-4-1）中加以选择。

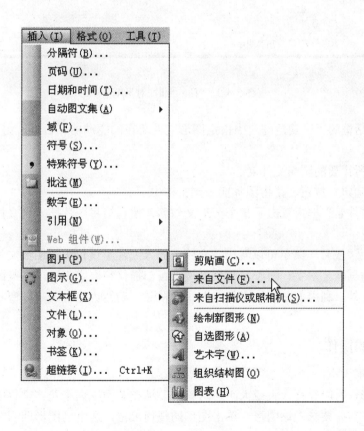

图 3-4-1　"插入"菜单

　　（3）在子菜单中选择"来自文件"选项，这时将弹出"插入图片"对话框，如图 3-4-2 所示。

图 3-4-2 "插入图片"对话框

（4）在对话框的"查找范围"中指定图形文件所在的驱动器、目录（图 3-4-2 中是"示例图片"目录）。

（5）单击所需要的图形文件名。

（6）按"确定"按钮，便将图片插入到文档中了。

如果在"文件名"框内双击了某个图形文件名，便直接将图片插入到文档中，并自动关闭对话框。

从"插入"/"图片"菜单可以看出，文档中插入图片不仅仅限于图形文件，还可以插入自选图形、剪贴画、艺术字、图表，甚至直接来自扫描仪和数字相机，这些图片的插入方法也是类似的。另外，利用剪贴板的"复制"和"粘贴"功能也能将图片以嵌入方式插入到文档中。

3.4.2 图形的操作

1. 调整图形大小

插入的图形，有时往往太大或太小，这就需要调整其面积大小及在文件中的位置。要调整插入的图形，首先要选中该图形，单击图形的任何部位，选中的图形四周将会出现八个控制点。

（1）使用鼠标器在屏幕上调整大小。单击要调整的图形，图形四周立即出现八个控制点（见图 3-4-3（A）），这样便选中了该图形。当鼠标器指针放在某个控制点上，光标会变成双箭头型。例如，放在右边中间的一个控制点上，左右拖动鼠标器指针即可拖动图形而改变其大小。图 3-4-3（B）便是向左拖动被调整后的大小。如果对大小更改不满意，可以按"撤销"按钮 ↺ 。

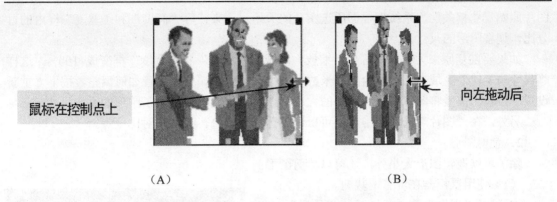

鼠标在控制点上

向左拖动后

（A）　　　　　　　　　　　　　（B）

图 3-4-3　图形调整与剪裁示例

（2）使用菜单命令做精确调整。利用鼠标器在屏幕上拖动图片的控制点来调整图形大小，图形大小并不能精确地得到控制，如果要精确地缩放原来图形的大小比例，则要利用菜单命令来实现。

① 先选中所要调整的图片。

② 打开"格式"菜单，选择"图片"项，系统弹出"设置图片格式"对话框（见图 3-4-4）。

③ 单击"大小"选项卡，便可精确地调整图片的大小。其中：

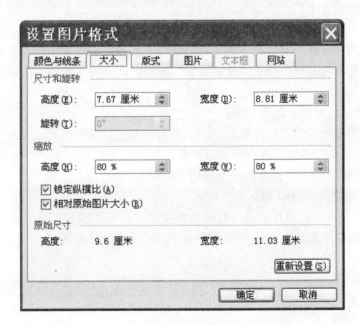

图 3-4-4　"设置图片格式"对话框"大小"选项卡

"尺寸和旋转"区域："高度"和"宽度"用实际的厘米数来表示，其中的数据与"缩放"区域中的"高度"和"宽度"框内的数据是相关联的。

"缩放"区域："高度"和"宽度"用百分比（如 25%）来调整其到原来图形的倍数。"锁定纵横比"选项是用于限制所选图形的高度和宽度，以使其保持原始的比例。如果选择了"与图片原始尺寸相关",系统将根据所选图片的原始尺寸来计算"高度"和"宽度"框内的百分比,调整图形的尺寸。

如果要恢复原来大小,则可使"缩放"区域的"高度"和"宽度"框变成 100%,这样"尺寸与旋转"区域中相应框内的厘米数也将得到相应的调整。不管如何调整,按下"重新设置"按钮,都能将图形恢复到原始的大小,该对话框的下面给出了图形的原始尺寸。

另外,在"图片"选项卡中,还可以调整图片的颜色、亮度和对比度等。

2．裁剪图形

除了可以调整图形大小外,还可以裁剪图形。

(1)使用鼠标器在屏幕上裁剪。

① 打开"视图"菜单,选择"工具栏"
命令,使其后弹出的子菜单中的"图片"命令

被选中,从而就打开了"图片"工具栏。

② 单击插图,选中图形,使之四周有八个控制点。

③ 单击"图片"工具栏上的裁剪按钮 ⊬,鼠标指针变为 ↖,放在图形的控制点上,鼠标指针变为 ⊬,拖动控制点就可进行裁剪。

(2)使用菜单精确裁剪。与图形调整一样,图形的裁剪也可以用菜单命令做精确裁剪。首先单击选中插图,然后打开"格式"菜单,选择"图片"命令,进入"图片"对话框。

在"图片"选项卡中的"裁剪"区有四个选框:"左"、"右"、"上"和"下",它们分别表示将选中图形左边、右边、上边和下边裁剪的厘米数。

图片被裁剪的部分并不是真的不见了,只是隐藏起来了,事实上仍可将它恢复到原来大小,只要在"图片"对话框内按下"重新设置"按钮,就能将"裁剪"区的四个选框均置为"0 厘米"。

3．图片的移动、复制、删除和编辑

首先单击选中要处理的图片,然后根据不同的要求进行操作:

(1)图片的移动:拖曳,拖曳到适当位置。

(2)图片的复制:Ctrl+拖曳,拖曳到适当位置。

(3)图片的删除:按 Del 键。

(4)图片的编辑:在图片上右击打开快捷菜单,选择"编辑图片"命令,进入图片编辑状态,利用状态栏上面的"绘图"工具栏也可以对图片进行编辑。

当需要重新设定图片的边界时,利用"选择对象" ↖ 按钮,选中所
编辑的图片,然后单击"编辑图片"工具栏上的"重设图片边界"按钮

，再按"关闭图片"按钮,返回到文档。

3.5　设计表格

表格是文档的一个重要组成部分。Word 中，一张表格是按行列组成的若干方框，每个方框称为单元格。在这些单元格中，可以填入各种文字和图形，但不能填入另一张表格。

3.5.1　创建表格及行列处理

1．插入表格

插入表格的具体步骤如下：

（1）先将光标定位于要插入表格的位置。

（2）单击常用工具栏上的"插入表格"按钮 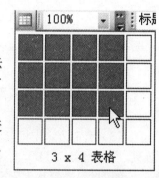，在打开的示意框中拖动鼠标器选择几行几列，然后释放鼠标器按钮（如选中了三行四列）。释放鼠标器按钮后，可得到一个三行四列的空表。

如果用菜单命令，可打开"表格"菜单，选择"插入"/"表格"命令，在弹出的"插入表格"对话框中设置"行数"、"列数"、"列宽"等项。

2．在表中输入内容

空表插入后，插入点被定位于首行首列的单元格内，即可向表中输入内容（包括文字、数字和图形）。按 Tab 键或向右光标键，插入点将移到下一格。也可通过鼠标器单击将插入点定位于某个单元格。

每个单元格都有一个结束符（↵），它的形状与表格的行结束符一样，但与回车符略有不同。单元格中输入的内容均被插入在结束符的左边，并默认为两端对齐。利用格式栏中的四个对齐按钮，可使表中被选定的内容按不同方式对齐。另外，对单元格中的文字可以设定字体、字号和颜色等各种字符格式，这与一般文本中的设置是一样的。图 3-5-1 为输入内容后的屏幕显示。

3．表格的选定

表格建立后，要调整表格的行高与列宽、增加或删除单元格、增加或删除行或列等一系列表格格式化的操作，往往需要对表格或表格的一部分选定后进行。这也是符合 Word 最基本的原则，那就是"先选定，后操作"。

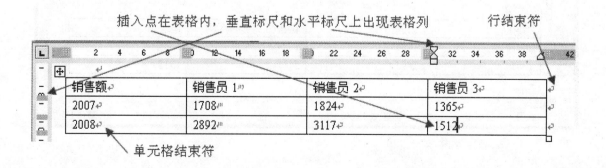

图 3-5-1　表格示例

（1）选定单元格。先将鼠标器指针移到所需的单元格内最左侧，使之变为 ↗，单击，便选中了该单元格，如图 3-5-2（A）所示。

（A）　　　　　　　　　　　　　　　　（B）

图 3-5-2　选中表格元素

（A）　选中单元格式　（B）　选中列

也可以将光标移到所需单元格内最左侧，鼠标器指针呈 I 形状，拖动鼠标器指针一个单元格位置，即可选中该单元格。若要选中连续数格，则可连续拖动若干个单元格。

（3）选定列。先将鼠标器指针移到所要选定列的上端，使其变成 ↓，单击左键便能选定该列，如图 3-5-2（B）所示；若要选定数列，则在单击时向右（或向左）拖动数列便可。

也可以将光标移到所要选定列的任一单元格内，打开"表格"菜单，选择"选定列"命令。

当选定列后，"插入表格"按钮 ⊞ 将变为"插入列"按钮 插入列。

（4）选定整表。选定整表，可以按整个表格的行数或列数来选定行或列，使整个表格被选定。单击表格左上角的符号 ⊞，也可选定整个表格，如图 3-5-3 所示。

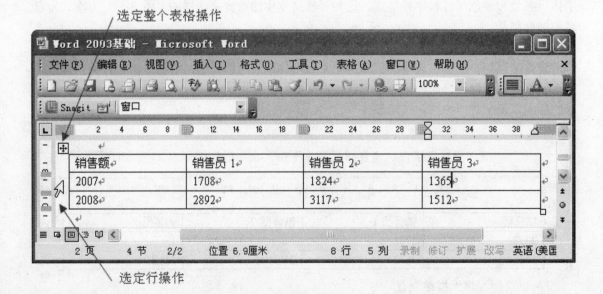

图 3-5-3　表格的选定

4．调整单元格高度

表格建立后，将插入点移到表中任意位置，在页面视图下，水平标尺和垂直标尺上便会出现列标记和行标记。这些行标记和列标记反映了表格的行列空间及高度和宽度。

调整表格高度的方法为：

（1）选中要调整的行，或将插入点放在要调整行的单元格中。

（2）将鼠标器指针放在垂直标尺上的相应行标记上，拖动垂直标尺上相应的行标记，便可调整表格的行高了。

如果要精确地调整表格高度，应当使用菜单命令，方法为：

（1）选中要调整的行，或将插入点放在要调整行的单元格中。

（2）打开"表格"菜单，选择"表格属性"命令，这时系统将弹出"表格属性"对话框。

（3）选择"行"选项卡（见图 3-5-4（A）），便可在"尺寸"区域对选中的行指定高度，在"指定高度"复选框后的框内精确地设定行高。

另外，在"表格"菜单中还提供了一条"自动调整"/"平均分布各行"命令，它能将选定的行或单元格的行高度改为相等的行高度。

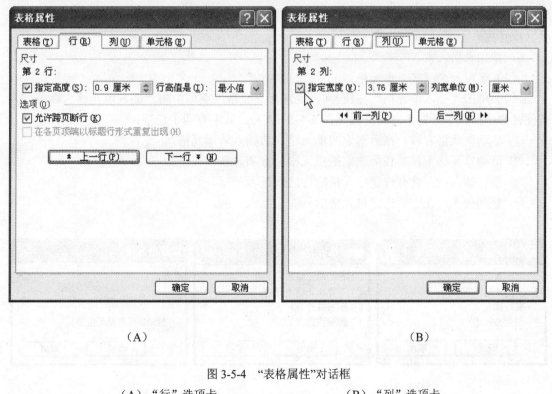

（A）　　　　　　　　　　　　　　　　（B）

图 3-5-4　"表格属性"对话框

（A）"行"选项卡　　　　　　　　　（B）"列"选项卡

5．调整单元格宽度

与调整单元格高度一样，在把插入点定位于要调整的列中或选定要调整的列之后。单元格宽度的调整有三种方法：

　　方法一：将鼠标器指针放在水平标尺上的列标记，拖动列标记，便可使列宽得到调整。在释放鼠标器左键前，再按下 Alt 键，标尺上将会显示出每个列标记之间用厘米数表示的精确间距，在拖动列标记时，从列标记处有一条垂直虚线在文档窗口中随之移动，释放后，该列的边线就停留在消失的虚线处。

　　方法二：利用"表格"菜单中的"表格属性"命令，在弹出的"表格属性"对话框内选择"列"选项卡（见图 3-5-4（B）），便可在"尺寸"区域对选中列调整列宽，通过"指定宽度"复选框后的框内精确地设定列宽。列宽单位可以用厘米，也可以用百分比。

　　方法三：将鼠标器指针放在列的边线处，鼠标器指针变成 ╫，拖动鼠标器指针，便能调整列宽。与方法一一样，在按下鼠标器左键后，列标记处有条垂直虚线在文档窗口中随之移动，释放后，该列的边线就停留在消失的虚线处。

　　同样，在"表格"菜单中也提供了一条"自动调整"/"平均分布各列"命令，它能将选定的行或单元格的列宽度改为相等的列宽度。

　　另外，使用"视图"/"工具栏"/"表格和边框"命令，在状态栏上面将显示一条"表格和边框"工具栏，其中 ╪ 按钮和 ╫ 按钮的功能便是"平均分布各行"和"平均分布各列"，它是以当前表格总高度和总宽度为基准，命令执行后，各行（或列）将平均分布，但总的高度（或宽度）不变。

　　6．增加表格元素

　　（1）选定一个或多个单元格。

　　（2）单击"插入单元格"按钮 ▤，或选择"表格"菜单中的"插入单元格"命令，系统便弹出"插入单元格"对话框（见图 3-5-5（A））。其中有四个选项：

　　①　活动单元格右移：在所选定的单元格左边插入新单元格。

　　②　活动单元格下移：在所选定的单元格上方插入新单元格。

　　③　整行插入：在含有选定单元格的行之上插入一行。

　　④　整列插入：在含有选定单元格的列左边插入一列。

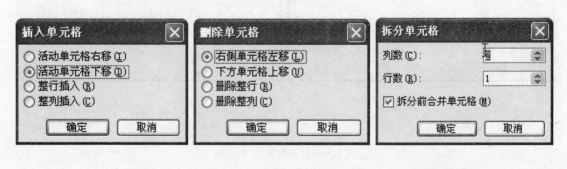

　　　　　　（A）　　　　　　　　　　　（B）　　　　　　　　　　　（C）

图 3-5-5　"插入单元格"、"删除单元格"和"拆分单元格"对话框

（A）插入单元格　　（B）删除单元格　　（C）拆分单元格

（3）选择所需选项，然后按"确定"按钮。另外，行、列的插入还可以更为方便，![按钮]按钮在不同情况下还有其特殊的作用：

① 若不作选定或选定一行，单击![按钮]按钮，将在光标所在的行之上插入一个空行。

② 若选定一列，单击![按钮]按钮，将在该列左边插入一个空列。

③ 当光标在最后一行的最后一个单元格中，按 Tab 键，将在最后一行后面插入一行；而当光标在最后一行的最后一个单元格后面的表格结束符前，按 Tab 键或回车键，也将在最后一行后面插入一行。

④ 在选中表格最后一列后面的表格结束符后单击![按钮]按钮，便能在最后一列的后面插入一个空列。

7．删除表格元素

（1）选定要删除的单元格。

（2）选择"表格"菜单中的"删除单元格"命令，在弹出的"删除单元格"对话框中共有四个选项，如图 3-5-5（B）所示。

（3）选择所需选项，然后按"确定"按钮。

另外，对整行或整列的删除则更简单，选中要删的行或列，按工具栏上的"剪切"按钮![按钮]，即能直接删除整行或整列。

8．拆分单元格和表格

要将单元格进行拆分时，先将光标移到要拆分的单元格，打开"表格"菜单，选择"拆分单元格"命令，在弹出的"拆分单元格"对话框（见图 3-5-5（C））中选择或输入要拆分的行或列数便可以了。

"拆分表格"就是将整个表以光标所在的单元格为界限拆分为上下两个部分，从而变成两个表格。

先将插入点移至表中要进行拆分的位置，打开"表格"菜单，选择"拆分表格"命令，Word 将在插入点所在的行的上方插入一个段落标记。如果原来的表格在文档的起始处，且插入点在第一行，Word 便在表的上方插入该段落标记。

9．合并单元格

要将多个单元格合并为一个单元格，先选定多个单元格，打开"表格"菜单，选择"合并单元格"命令，这样，选定的多个单元格便一下子合并成一个大的单元格了。在合并后的单元格中，原来各单元格的内容各成一个段落。

3.5.2　设计表格格式

1．格线、边框和底纹的设置

在 Word 文档中，所有表格都默认为有 0.5 磅的黑色单实线边框。表格创建后，往往希望对表格的边框线加以设置。例如，要使表格边框设置为粗线，格线设置为细实线，就需要来设置表格的边框和格线。

首先选中整个表格或需要特别设置的部分单元格，打开"格式"菜单，选择"边框和底纹"命令，这时会弹出"边框和底纹"对话框，如图 3-5-6 所示。

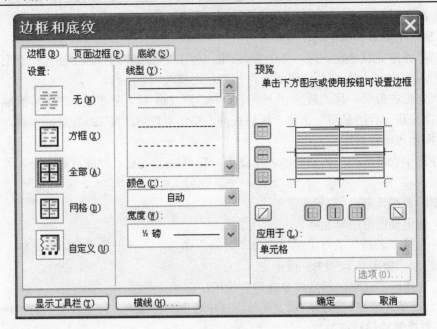

图 3-5-6　"边框和底纹"对话框

（1）"边框"选项卡。

①"设置"区有五种边框格式可以设定："无"（不设边框）、"方框"、"全部"（或"阴影"）、"网格"（或三维）和"自定义"。

②"线型"区提供了多种边框线的线型、颜色和宽度。

③"预览"区显示了多条可能的边框中哪些有框线、哪些没有框线的组合形式。四周四条便是选定部分的边框，中间的两条则作为选中部分的格线。按下其中的八个按钮之一，就能使原来无框线变成有框线，弹起八个按钮之一，就能使原来有框线变成无框线。例如，▤表示底下的一条线的设置按钮。八个位置上的每一条边框线或格线都可以利用"线型"框、"颜色"框和"宽度"框进行设置，以达到各种不同的效果。要注意对话框右下角的"应用范围"框内应当是"表格"（整个表格）或"单元格"（对选定的部分单元格）。

（2）"页面边框"选项卡。其中的选项与"边框"选项卡类似，只是它是用于对整篇文档或选定节的页面边框的设置。

（3）"底纹"选项卡。"填充"区有多达 64 种常用颜色，如果不够，可以通过"其他颜色"按钮来选择颜色；"图案"区有 37 种浓淡及花样各异的底纹类型，在"式样"框中供选择，"颜色"框主要用于设置文字的背景（如果选择"自动"项，则采用系统默认的设置）；"预览"区可以看到设置底纹后的效果。

值得一提的是：边框和底纹不只是用于表格或单元格，它不是表格的专利，对选定的文字或段落同样可以设置边框和底纹，操作方法类似，这里就不再赘述了。

另外，在常用工具栏上按下"表格和边框"按钮▦，将打开"表格和边框"工具栏，其中包含有许多针对表格和边框的常用命令按钮。

2．自动套用格式

Word 2003 提供了 14 类共 45 种可用的表格格式，用户可以从中选择合适的表格格式，应用于表格的不同部分或整个表格。

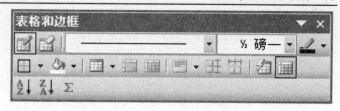

进入"自动套用格式"对话框的方法如下：

（1）将插入点移到表格中。

（2）打开"表格"菜单或单击右键打开快捷菜单，从中选择"表格自动套用格式"命令。系统将弹出"表格自动套用格式"对话框，如图 3-5-7 所示。其中，"类别"框默认为"所有表格样式"。

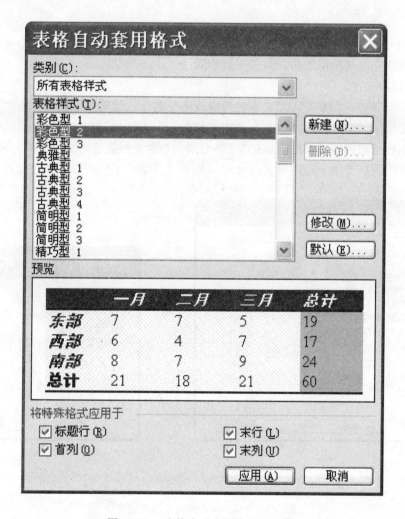

图 3-5-7　"表格自动套用格式"对话框

在"表格样式"列表中，可以在 45 种可用的表格格式中选择；在"预览"框内，可以直观地看到所选格式的效果；在"将特殊格式应用于"区内，有四个复选框：

① 标题行——将指定格式应用于表格标题。

② 首列——将指定格式应用于表格首列。

③ 末行——将指定格式应用于表格末行。

④ 末列——将指定格式应用于表格末列。

3．文字与表格的转换

在 Word 中，文本与表格可以方便地相互转换。

（1）格式化的文字转换成表格。格式化的文字是指用段落标记、制表符或逗号等分隔符区分不同格式的文本，如图 3-5-8 所示。

销售额	→	销售员 1	→	销售员 2	→	销售员 3
2007	→	1708	→	1824	→	1365
2008	→	2892	→	3117	→	1512

图 3-5-8　用制表符分隔成格式化的文字

要将格式化文本转换成表格，可按下列步骤进行：

① 选定该段文本。

② 选择"表格"/"转换"/"文本转换成表格"命令，这时，系统将弹出"将文字转换成表格"对话框（见图 3-5-9（A））。其中"列数"、"行数"和"列宽"框的数值都将根据所选定文本数据项的多少自动生成；"文本分隔符"也是根据选定文本中的分隔符而定的；如果对要转换的表格要用一定的格式，还可以按下"自动套用格式"按钮进行设置。

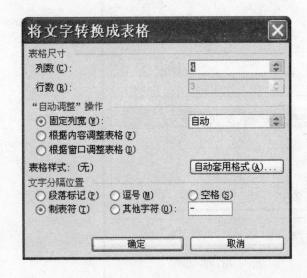
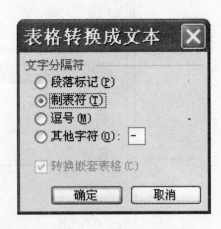

（A）　　　　　　　　　　（B）

图 3-5-9　文字与表格转换的对话框

（A）文字转换成表格式　（B）表格转换成文字

③ 按"确定"按钮，便将选定文本转换成表格了。

（2）将表格转换成文字。将表格转换成文字的方法也很简单，先选定要转换的表格，执行"表格"/"转换"/"表格转换成文本"命令，这时系统将弹出"表格转换成文本"对话框（见图 3-5-9（B）），根据需要，选择文本的分隔符，按"确定"按钮后，便实现了转换。

3.6　设置页面与打印文档

设置页面是页面格式化的主要任务，页面设置的合理与否直接关系到文档的打印效果。页面设置主要包括页眉、页脚、页面方向、纸张大小和垂直对齐方式等与文档打印时页面布局有关的内容。

3.6.1　添加页眉、页脚和页码

页眉是位于上页边距与纸张边缘之间的图形或文字，而页脚则是下页边距与纸张边缘之间的图形或文字。典型的页眉和页脚的内容往往包括文档的标题、公司或部门的名称、日期以及作者的姓名等。

在 Word 中，页眉和页脚的内容还可以是用来生成各种文本（如日期或页码等）的"域代码"。域代码与普通文本有所不同，它在打印时将被当时的最新内容所替代，例如生成日期的域代码可以根据计算机的内部时钟生成当前的日期，倘若用户第一天录入的文档到第二天才打印时，那么打印时将使用第二天的日期；同样，用于生成页码的域代码将在各页面上打印最终的准确页码。

1．设置页眉和页脚

打开"视图"菜单，选择"页眉和页脚"命令，便会在文档页首的位置出现"页眉和页脚"工具栏，其中包含了用于页眉和页脚的各种命令按钮，同时进入页眉的输入状态。

通过这些按钮，用户可以快速地在页眉/页脚中加入当前时间、日期和页码等，可在文档页眉与页脚之间移动，可以选择在录入页眉和页脚时是否要显示文档。

图 3-6-1 为页眉的输入状态，可以在页眉区域输入所需的文本或插入图形。按下 按钮，便可切换到页脚状态。

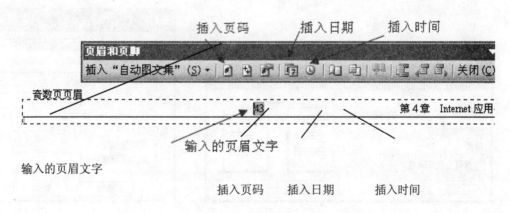

图 3-6-1　页眉的输入状态和"页眉/页脚"工具栏

对于页眉和页脚，用户可以像对 Word 用的其他文本一样，进入插入、修改、删除以及格式编排等操作。例如，使用制表位来设置其位置和对齐方式。而且由于页眉和页脚是通过

切换按钮分开处理的，因此，页眉和页脚的格式可以不同。

在"页眉/页脚"工具栏中，当单击"插入日期"按钮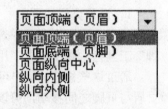和"插入时间"按钮 时，将在页眉或页脚的输入区插入当前的日期和时间的域代码，以后将随着的日期和时间的更新而更新。当单击"插入页码"按钮 和"插入页数"按钮 时，将在页眉或页脚当前光标位置插入页码和页数。

设置的页眉和页脚可以通过格式栏上的四个对齐按钮，使页眉和页脚居中对齐或右对齐等。一般，页眉下默认设有一条画线，页脚上下则没有默认画线，如果需要，可以设置或取消划线，方法是：先选中页眉或页脚，打开"格式"菜单，选中"边框和底纹"命令，然后在系统弹出的"边框和底纹"对话框的"预览"区中单击所要设置的线条。

要注意，在页眉或页脚上设置的画线，也是从左缩进到右缩进的，如果需要调整画线的长短，只要调整标尺上的左右缩进标记。

2．插入页码

打印文档时往往需要含有页码来区别不同的页，另外，一个文档很长时，可以分为多个文件，这样每个文件的页码设置就很重要，如果要使后一个文件的页码刚好是接在前一个文件页码之后，就需要进行页码的设置。

在任何一个文档中，打开"插入"菜单，选择"页码"命令，这时，系统就弹出"页码"对话框，如图 3-6-2 所示。

其中：

（1）在"位置"下拉列表框可以设置页码的位置，有"页面顶端（页眉）"、"页面底端（页脚）"、"在页面上垂直居中"、"纵向内侧"和"纵向外侧"多种设置。

（2）在"对齐方式"下拉列表框中可设置页码为"右"、"居中"、"左"、"内侧"或"外侧"。其中"内侧"和"外侧"分别相对于要用于装订的页面边缘的内侧（装订一侧）和外侧。

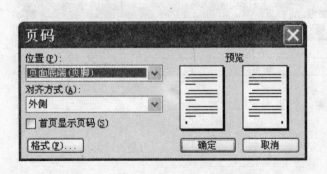

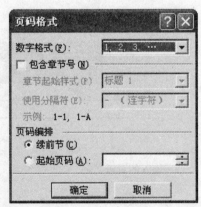

图 3-6-2　"页码"和"页码格式"对话框

（3）清除"首页显示页码"选框，可使第一页上不显示页码。

（4）按下"格式"按钮可以对页码格式进行设置（或在"页眉/页脚"工具栏中按下"页

码格式"按钮 ），这时将弹出"页码格式"对话框。

① 下拉"数字格式"列表，可以选择所需要的页码格式。

② 选中"包含章节号"复选框，下面的列表框由黯淡变为有效，从中可以设置"章节起始样式"和"使用分隔符"。

③ 在"页码编排"区可以设置当前活动文档的起始页码。

3.6.2　页面设置

打开"文件"菜单，选择"页面设置"命令（或者在"页眉和页脚"工具栏上单击"页面设置"按钮 ），便会弹出"页面设置"对话框，在这个对话框中共有四个选项卡，分别用于设置页边距、纸型、版式以及文档网格。

在每个选项卡中都有"预览"区、"应用于"框和"默认"按钮。"预览"区内供用户预览页面设置后的效果；"应用于"框指出整个设置针对哪部分文档，其中有"整个文档"、"所选文字"、"插入点之后"、"所选节"和"本节"等选择。用户在设置时应当注意是针对哪部分文档；"默认"按钮将"页面设置"对话框中的当前设置储存为新默认设置，用于活动文档及所有基于当前模板的新文档。

（1）设置页边距。在"页面设置"对话框中单击"页边距"选项卡（见图 3-6-3），便可对页边距进行设置。

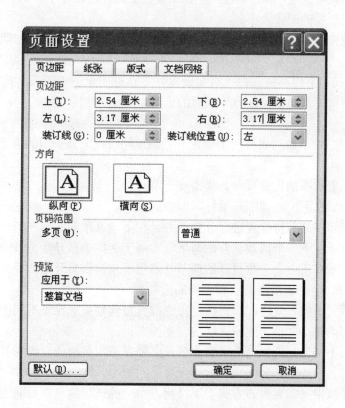

图 3-6-3　"页面设置"对话框"页边距"选项卡

　　设置页边距主要是对页面上下左右边距以及页面顶端和底端相关的页眉与页脚的位置进行设置。对话框中各选项的含义为：

　　①"上"表示页面顶点与第一行顶端之间的距离。

　　②"下"表示页面底点与最后一行底端之间的距离。

　　③"左"表示页面左端与无左缩进的每行左端之间的距离。

　　④"右"表示页面右端与无右缩进的每行右端之间的距离。

　　⑤"装订线"表示要添加到页边距上以便进行装订的额外空间。

　　⑥ "距边界"区表示上页边界和下页边界到页眉和页脚之间的距离，Word 按照页眉顶端和页脚底端到页边界的距离进行测量。

　　⑦"装订位置"区中有两个单选框。当选择了"边"后，下面还有两个复选框，选择"对称页边距"复选框，则选项"左"变为"内侧"，"右"变为"外侧"，而装订线框内设置的额外空间将添加到所有页的内侧。

　　在"方向"区中选择页面的形状（打印的效果）：纵向 $\boxed{\text{A}}$ 或横向 $\boxed{\text{A}}$。在"预览"框，用户可看到页面方向设置后的结果。

　　（2）设置纸张。在打印文档时，常常需要根据不同情况使用不同的纸张。在"页面设置"对话框中单击"纸张"选项卡，便能对"纸张大小"、"纸张来源"进行设置。

　　下拉"纸张大小"列表，可以从中选择常用的纸型参数，如 A4 、B5 、16 开等。各种大小的纸张都有默认"宽度"和"高度"，如果需要更改，可以在下面的"宽度"和"高度"框中定义用户自己想要的纸张大小。

　　另外，在"纸张来源"区域，可以设置首页和其他页的纸张来源，如默认纸盒、自动选择或手动进纸等。

　　（3）设置版式和文档网格。在"页面设置"对话框中单击"版式"选项卡，便能设置有关节、页眉和页脚、页面以及行号等版面的选项。

　　其中：

　　①"节的起始位置"下拉列表框用于选定开始新节同时结束前一节的位置，它包括以下五个选项：

　　● 接续本页：表示不插入分页符，紧接前一节。

　　● 新建栏：表示在下一栏顶端开始打印节中的文本。

　　● 新建页：表示在分节符位置进行分页，并且在下一页顶端开始新节。

　　● 偶数页：表示在下一个偶数页开始新节（常用于在偶数页开始的章节）。

　　● 奇数页：表示在下一个奇数页开始新节（常用于在奇数页开始的章节）。

　　②"页眉和页脚"区用于指定页眉和页脚的选项。

　　● 选中"奇偶页不同"复选框，将指定在奇数页与偶数页上设置不同的页眉或页脚。这一选项将影响整个文档，无论文档包含多少节。

　　● 选中"首页不同"复选框，将指定使节或文档首页的页眉或页脚与其他页的页眉或页脚不同。

　　③"页面"区域中"垂直对齐方式"下拉列表框中的选项确定在页面上，如何垂直对齐文本？其中包括"顶端对齐"、"居中"、"两端对齐"和"底端对齐"四个选项。要注意这是对整个页面的对齐。例如，选择了"居中"，便使文字位于整个页面的中央，即版面居中。

④　"行号"按钮用于设置行编号。另外，在"页面设置"对话框的"文档网格"选项卡中，可对文档网格、字符数、行数以及文字排列等进行设置。

3.6.3　分页与文档属性

1. 分页

在输入一个较长的文档时，Word 会根据页边距的大小和打印纸张的大小在适当的位置自动分页；当用户增、删或修改文本时，Word 将根据需要自动调整分页。这种由程序插入到文档中的分页符叫作软分页符或浮动分页符，在普通视图下，Word 在屏幕上将把它显示为一条水平虚线。但有时，用户需要在特定的位置插入一个"硬"分页符来强制分页，譬如，一本书的每一章都须从新的一页开始，下一章的开头则须加上一个硬分页符。

在文档中插入硬分页符的方法很简单，只要将插入点定位到要分页的位置，然后按下 Ctrl＋回车键就插入了一个硬分页符。这时，如果在普通视图下，用户将在屏幕上看到一条带有"分页符"三字的水平虚线。与文本编辑一样，对"分页符"也可以进行选定、移动、复制和删除等操作。

插入硬分页符的另一种方法是：将插入点定位到要分页的位置后，选择"插入"菜单中的"分隔符"命令，在弹出的"分隔符"对话框（见图 3-6-4）中选择"分页符"选项，按"确定"按钮后，便在插入点处插入了硬分页符。

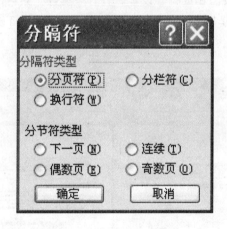

图 3-6-4　"分隔符"对话框

2. 查看文档属性

一个编辑完成的文档，含有多少字节数，在什么盘、什么文件夹中等有关文档的属性，对用户来说有时是很有用的。Word 提供了这项功能。对于当前编辑的文档，打开"文件"菜单，选择"属性"命令，系统将给出该文件的属性信息对话框。

在"常规"选项卡中，给出了该文件的类型、位置、大小、创建时间、修改时间等信息；在"摘要"选项卡中，用户可以输入标题、主题、作者、单位、类别、关键词等信息，以便今后查找；在"统计"选项卡中，用户将获得页数、段落数、行数、字数、字符数、带空格的字符以及文档的字节数的统计信息，如图 3-6-5 所示。

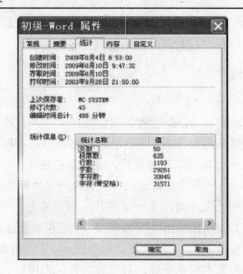

图 3-6-5　"统计"选项卡

3.6.4　打印预览

在文件打印之前，往往需要在页面视图下或打印预览中观看一下打印效果，以便在打印前及时调整页面的设置及页面和页脚等设置。打开"文件"菜单，选择"打印预览"命令，或直接按下常用工具栏上的"打印预览"按钮 🔍，这时，Word 窗口将变为文档预览窗口，如图 3-6-6 所示。

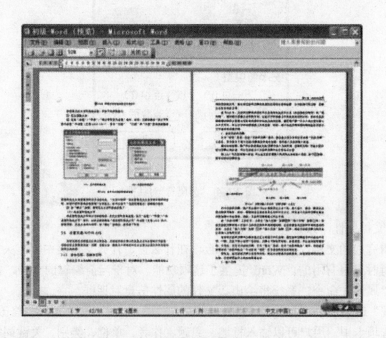

图 3-6-6　文档的打印预览窗口

1．打印预览窗口及工具按钮

在打印预览中，系统提供了一排工具按钮和下拉列表框：

（1）"放大镜"按钮 ：用于观看每一页的文档排版的细节。使用时，在需要放大的预览页上，鼠标器指针呈放大镜形状 ，单击左键或右键都能放大，放大后的鼠标器指针变为 。再次单击，又能缩小到原来大小，鼠标器指针变回到 。

（2）"单页显示"按钮 ：单击该按钮，可以使多页显示切换到单页显示。

（3）"多页显示"按钮 ：用于观看多页。按下该按钮，拖动鼠标器来选择需要显示的页数及排列形式。

（4）"显示比例"下拉列表框 30% ：用于调整预览显示文字的比例。使用时，下拉列表从中选取一个比例，或直接输入一个数字，便能使预览的整页及文字按比例调整后显示。另外，在调整打印预览窗口大小时，"显示比例"框中的数据将会根据实际调整情况动态显示出比例数据。

（5）"标尺"按钮 ：按下该按钮，在选中页上有两条标尺显示。

（6）"减少一页"按钮 ：用于压缩仅有一二行字的最后页到上一页去。

（7）"全屏显示"按钮 ：用于最大限度地显示文档，即以全屏幕方式显示。

（8）"关闭"按钮 关闭(C)：用于退出打印预览，返回正常显示。

（9）"打印"按钮 ：如果对预览结果满意，可在预览状态下直接打印。

2．"正常显示"、"打印预览"和"全屏显示"间的切换

在文档正常显示时，打开"视图"菜单，等待几秒后，自动将折叠菜单展开，从中选择"全屏显示"命令。这时，将切换到全屏显示状态，隐藏多数屏幕元素，以便显示更多的文档内容。同时在屏幕上出现一个"全屏显示"的工具框，如果需要回到正常显示，可按"关闭全屏显示"按钮 或 Esc 键。

在打印预览状态下，单击了"全屏显示"按钮 ，将切换到全屏显示，屏幕顶部显示一条打印预览工具栏，屏幕中间显示一个"全屏显示"的工具框，单击其中的"关闭全屏显示"按钮，或单击打印预览工具栏上"全屏显示"按钮 可切换回正常显示方式。如果单击了"关闭全屏显示"按钮，将把打印预览工具栏隐藏掉，真正实现"全屏显示"。

另外，在"全屏显示"状态下，任何时候都可以将鼠标指针移到屏幕顶部，Word 菜单自动打开，便可使用 Word 的命令。

3.6.5 打印文档

文档编辑完成后，经页面设置和打印预览查看后，便可打印文档。打印文档必须在硬件和软件上得到保证。硬件上，要确保打印机已经连接到主机端口上，电源接通并开启，打印

纸已装好；软件上，要确保所用打印机的打印驱动程序已经安装，并连接到相应的端口，这一点，可以在 Windows 控制面板中的"打印机"选项中来查看打印机是否已经安装、端口是否连接、默认打印机是否已经设定等。

对于当前活动窗口编辑的文档，可以直接打印，这便是按下常用工具栏中的"打印"按钮 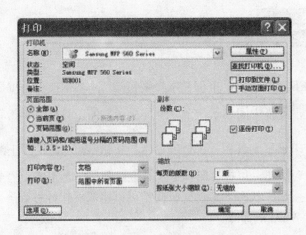，也可以使用"文件"菜单中的"打印"命令来打印文件。使用"打印"按钮打印文档时，系统没有更多的选项让用户选择，只打印一份当前的活动文档，用户不必考虑任何其他的选择。另外，在打印预览时，也可按下"打印"按钮来打印文档，其作用与正常显示时的"打印"按钮相同。

1．指定打印范围、份数和内容

在"文件"菜单中选择了"打印"命令，系统便会弹出"打印"对话框（见图 3-6-7）。从中我们看到打印机的型号是"Samsung MFP560 Series"，这项设置是在控制面板或打印管理器中完成，而反映在"打印"对话框中的。

下拉"打印内容"列表框，其中包括文档、文档属性、显示标记的文档、标记列表、样式、"自动图文集"词条等选项。

下拉"打印"列表框，其中包括所选页面、奇数页和偶数页等选项。

在"页面范围"区内，当选择了"全部"，表示将整个文档全部打印；当选择了"当前页"，将打印插入点所在的页；当选择了"所选内容"，将打印选定的内容；当选择了"页码范围"，可以在该文本框内输入页码或页码范围，例如：输入了"4，7-11，17"，就表示要打印第 4 页、第 7 至 11 页以及第 17 页的文档。

在"副本"区"份数"框内可以输入要打印的文档份数，其默认值为 1。

2．重新选择并设置打印机

在图 3-6-7 所示的"打印"对话框中，下拉"打印机"区域的"名称"列表框，可以对已安装的打印机重新选择。

图 3-6-7 "打印"对话框

假如目前我们以 Samsung MFP560 Series 为默认打印机，按下"属性"按钮，进入打印机的属性设置对话框，从中可以对所选打印机的属性进行设置了。

第4章　Internet 应用

4.1　Internet 基础知识

4.1.1　Internet 的基本概念

Internet（又称"因特网"或"国际互联网"，以下称"因特网"）是指全球范围内的计算机系统联网。它是世界上最大的计算机网络。因特网将全世界不同国家、不同地区、不同部门和结构的不同类型的计算机，以及各种大大小小的计算机网络，通过网络互连设备"永久"地高速互连，因此是一个"计算机网络的网络"。它使得各网络之间可以交换信息或共享资源。

借助电信部门的公共通信网络，可以将一台计算机或一个计算机网络接入因特网。

人们将因特网所形成的无形的社会团体称为 Internet 社团。在这里，很难说是谁在控制或管理。它是一个完全自由松散的社团，有许多单位组织和个人自愿将他们的时间和精力投入到因特网中进行开发，创造出有用的东西，提供给其他人使用，从而形成了一个互惠互利的合作团体。

因特网可以说是人类历史上的一大奇迹，就连它的创导者们也没有预见到它所产生的如此巨大的社会影响力。可以说，它改变了人们的生活方式，加速了社会向信息化发展的步伐。

4.1.2　因特网的产生

因特网源于美国国防部互联网 ARPANET。ARPANET 工程创始于 1969 年，是美国国防部用于建立一个可靠通信网络的试验项目（可靠通信网络是指网络中部分发生故障时仍然可以进行正常的通信）。它也是用来连接承接国防部军事项目的研究机构与大专院校的工具，可以实现信息交换的目的。1983 年后，ARPANET 分军用和民用两个领域，再加上美国国家科学基金会建立的通信网络，使得普通科技人员也能利用该网络。

在建立 ARPANET 的过程中，建立了称为 TCP/IP 的计算机通信协议。根据协议，接入因特网的主机必须有唯一的标识，称为 IP 地址（为了便于记忆，还可以用文字为主机命名，称为域名）。当一台计算机向网上的另一台计算机发送信息时，只需在要发送的信息前面附加上一些用于网络传输的控制信息。这个附加控制信息的过程被称为"打包"，就像在日常生活中寄信时要将信件装入信封一样。这样，数据便被分成若干小块，也被叫做"数据包"或"报文"。数据包都有相应的标记，说明自己来自何处，将发送到什么地方。数据包具有特定的长度，它从一台计算机转发给另一台计算机，直到抵达最终目的地。

TCP/IP 协议等一系列的研究成果，标志着一个崭新的网络时代的开端，并为后来因特网轰轰烈烈的发展奠定了基础。

ARPANET 的规模不断扩大，不仅在美国国内有很多网络和 ARPANET 相连，而且在世界范围内很多国家都开始远程通信，将本地的计算机和网络接入 ARPANET。世界各国的网络均遵循同样的协议连接到该网络上，逐渐发展形成目前规模宏大的因特网。以美国因特网为中心的网络互连迅速向全球发展，接入的国家和地区日益增加，信息流量也不断增加，特别是 WWW（World Wide Web）超文本服务的普及，是因特网上信息剧增的主要原因。

4.1.3   因特网的发展

20 世纪 80 年代后期到现在是因特网获得长足发展的时期。许多大公司发现因特网是与遍及全球的雇员保持联系以及与其他公司合作的极好方式，这使得因特网进入了一个极度增长期。因特网服务提供商（ISP）开始为个人访问因特网提供各种服务，而随着计算机逐渐进入家庭，因特网的成员也呈指数增长。今天，因特网已经成为必不可少工具，人们在网络上工作、学习和享受各种服务，开始了崭新的生活。

因特网之所以在 20 世纪 80 年代出现并立即获得迅速发展和扩大，主要基于如下原因：

计算机网络通信技术、网络互连技术和信息工程技术的发展奠定了必要的技术基础。

通过资源共享来满足不同用户的需求，成为一种强大的驱动力量。每个参与者既是信息和资源的创建者，又是使用者。

因特网在其建立和发展过程中，始终执行一种非常开放的策略，对于开发者和用户都不施加不必要的限制。任何个人或机构既可以使用它，也能为它的发展做出贡献。

它不仅拥有极其庞大的用户队伍，也拥有甚为众多的开发者。

因特网在为人们提供计算机网络通信设施的同时，还为广大用户提供了非常友好的人人乐于接受的访问手段。因特网使计算机工具、网络技术和信息资源不仅被科学家、工程师和计算机专业人员使用，同时也能为一般民众服务，进入非技术领域，进入商业，进入家庭。

今天，因特网已经渗透到社会生活的各个方面。对于因特网普通用户而言，因特网拥有不计其数的网络资源，用户可以从因特网上获得所需的信息。人们通过因特网可以随时了解最新的气象信息、新闻动态、旅游信息，阅读当天的报纸和最新的杂志，了解世界金融股票行情，在家购物、预订飞机火车票，给银行或信用卡公司汇款、转帐，发送和阅读电子邮件，到信息资源服务器或各类数据库中查询所需的资料，包括软件工具、科技文献、教学课件等。

随着我国网络通信的发展及计算机和网络应用的普及，加之网格计算和网格储存等技术的深入研究，专家预见，因特网将是未来世界的热门产业，因特网将与用户的生活息息相关。

4.2   连接到因特网

4.2.1   调制解调器拨号上网

调制解调器拨号上网是指使用调制解调器（又称 Modem）和电话线，以拨号的方式将计算机连入因特网。在建立与因特网连接之前，需要先向因特网服务商 ISP 提出申请，安装和配置调制解调器。

拨号上网的基本工作步骤如下：

（1）向 ISP（Internet 服务提供商）提出申请，并获取上网的相关信息，如拨入电话号码、用户名、密码等。向 ISP 提出申请的基本方式有三种：公开拨号（公开的拨入电话号码、用户名和密码）、上网卡（卡上有拨入电话号码、用户名和密码）和注册用户（到 ISP 处进行注册并获得拨入电话号码、用户名和密码）。

（2）安装和配置调制解调器。

（3）安装拨号适配器和 TCP/IP 协议。

（4）创建和配置拨号连接。

（5）拨号入网。

1. ISP 的选择

通过电话线拨号接入因特网之前，先要选择 ISP。选择 ISP 时应考虑如下几点要素：

（1）良好的信誉与服务。选择信誉好的 ISP，可在出现问题或纠纷后得到及时解决。由于因特网用户是全天候上网，因此 ISP 能否提供 24 小时技术支持热线服务也是一个重要因素。

（2）较高性能。ISP 有足够的带宽，才能保证在上网人数较多的时间不至于造成线路阻塞。ISP 提供的服务器性能是否稳定，是否支持高速接入都直接影响用户的使用质量和效率，如果 ISP 的服务器不能很快地为用户传送信息或数据传输率较低，用户端计算机的性能再好、Modem 的速度再快也无济于事。

带宽是指通信线路中允许的最大数据传输速度，也可以说是最大数据传输的频率。带宽小自然使上网的速度受到限制。而影响带宽的因素主要是传输的介质，任何一种网络传输介质都只能正确地传输低于某个频率的信号，当信号的基频高于此频率时，此介质就无法正确传输这个信号了。所以任何一种介质都有一个最大数据传输的频率，也就是带宽。介质由于材料、直径和长度的不同，其带宽也不一样。如双绞线（即电话线）的带宽很低，最大只能是几十千位/秒（Kbps），所以上网的速度无法提升。而使用光纤的网络理论上可以以数百兆位/秒（Mbps）甚至更高的速率传输。但是，上网速度的快慢也不一定全是由于带宽小造成的，它还同 Modem 的速度、ISP 的承受能力、所访问网站的人数等因素有很大的关系。

（3）合理的价格。拨号上网费由两部分构成，即电话费和上网通信费。目前国内的 ISP 的记费（上网通信费）方式有月租、记时和月封顶三种方式。每月交纳固定费用，限制使用一定时间，这种方式单位时间价格较低，适合于上网时间较长的用户；记时方式按实际上网的时间记费，单位时间分为分钟或小时，这种方式单位时间价格较高，适合于上网时间短的用户；月封顶不同于月租，它先是按记时收费，但一个月的收费有一个最高限额。各 ISP 提供的收费方式和价格不尽相同，用户可以根据自己的实际情况选择合适的 ISP。值得注意的是：尽管有的 ISP 提供的价格较低，但由于诸多原因，其提供因特网服务的数据传输率较低，对用户来说也是不合适的。

传输速率是指设备在某种网络协议标准下的数据发送和接收的能力。这个数值取决于设备依赖何种标准支持和环境等因素。

（4）同时上网的人数。ISP 同时能够容纳多少人上网也是选择 ISP 一个重要因素，否则在拨号上网时总是忙音，既浪费时间又耽误工作。上网人数受 IP 地址的容量和电话中继线两个因素的限制。

表 4-2-1 列出了选择 ISP 的方法。

表 4-2-1   选择 ISP 的方法

选择 ISP 方法	典型 ISP	电话、用户名、密码	付费方法	特 点
注册帐户	上海热线（online.sh.cn）	到指定地点注册获取	到指定地点付费	注册和付费不方便，现在已渐渐淘汰
上网卡	联通上网卡	在上网卡上获取	购买上网卡面值	费用优惠
公开拨号	上海电信（16300）	公开电话、用户名、密码	主叫付费，费用随市话帐单一起付	使用方便，费用偏高

选择了 ISP 后，即也确定了拨号的电话号码、用户名、用户密码。

2. 软、硬件环境与 Modem 的安装

（1）硬件的准备。

① 检查和准备计算机。建议计算机的基本配置如下（供参考，以 Windows XP 作为配置依据）：

● CPU：586 以上，最好是 Pentiuml66 或更高。

内存：64MB 以上。

硬盘：2GB 以上。

● 显示器：VGA / SVGA 以上。

鼠标以及调制解调器。

可能的话，可以配备多媒体设备，如光驱、声卡和音箱等。

② 选择 Modem。选择合适的调制解调器，对于拨号上网很重要。如果用户对计算机的硬件不熟悉，建议尽量选择高速率的外置式 Modem，如速率为 33.6Kbps（千位/秒）或 56Kbps 的外置式 Modem。否则，可以购买内置式的 Modem 卡。内置式的 Modem 卡，无需外接电源供电和不需要使用串口线与计算机相连，只需计算机内的一个空余插槽，外观简洁整齐。但两者比较起来，外置式 Modem 具有相对独立性，方便用户连接和拆卸。

③ 准备可用的拨号电话线路一条。

（2）硬件的连接。

① 将电话入户线连接到 Modem 的 Line 口上。

② 若希望仍可以使用电话，将电话连接到 Modem 的 Phone 口上。

③ 将 Modem 与微机的串口相连接（串口位于微机背后的 9 针插口）。

④ 将 Modem 的电源插好，并打开电源。

连接示意图如图 4-2-1 所示。

电话接入线

Phone   Line   RS232

电话   调制解调器   计算机

图 4-2-1   连接 Modem 的示意图

虚线是安装 Modem 前的电话连接线缆，安装完 Modem 后虚线连接被取消。

（3）　安装与配置调制解调器。以拨号方式入网，首先必须要有一条电话线，其次就是 Modem。由于传统的电话设备和电话线只能传输模拟信号，计算机的数字信息要通过电话线传输，必须首先将数字信号转换成模拟信号，该过程叫做调制；相反，计算机要接受电话线上的信息，必须将模拟信号转换成数字信号，这个过程就是解调。调制解调器就是用于数字信号与模拟信号间转换的设备。

即插即用的调制解调器的安装比较简单，当调制解调器连接到计算机上时，系统会自动判断并安装相应驱动程序，用户可能只需要将 Windows XP 安装盘插入 CD-ROM 中，这里简单介绍一下非即插即用的调制解调器的基本安装方法。

① 打开"控制面板"窗口，在"控制面板"中双击【打印机和其他硬件】图标，打开"打印机和其他硬件"窗口，在左上角单击【添加硬件】选项，如图 4-2-2 所示。

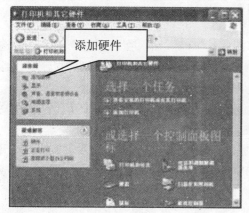 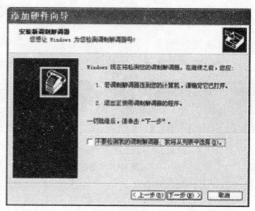

图 4-2-2　"打印机和其他硬件"窗口　　　图 4-2-3　"安装新调制解调器"对话框

② 如果调制解调器已经连接到计算机上，在打开的"添加硬件向导"对话框中单击【是，硬件已经连接好】单选按钮，单击【下一步】按钮。

③ 在"已安装的硬件"列表中选择【添加新的硬件设备】选项，单击【下一步】按钮。

④ 在"期望向导做什么？"的提问中，选择【搜索并自动安装硬件（推荐）】单选钮，单击【下一步】按钮。

⑤ 一般情况下，系统会自动找到并安装相应的调制解调器驱动程序，完成安装。但对部分非主流标准的调制解调器，系统无法判断，会显示"向导在您的计算机上没有找到任何新硬件"，单击【下一步】按钮，继续安装。

⑥ 从"常见硬件类型"列表中选择【调制解调器】，单击【下一步】按钮，打开"安装新调制解调器"对话框（见图 4-2-3），单击【下一步】按钮，进入"型号选择"对话框，如图 4-2-4 所示。

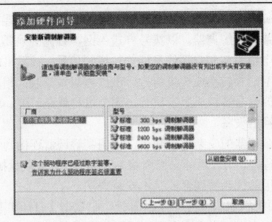

图 4-2-4 "型号选择"对话框

⑦ 在"厂商"列表框中单击用户调制解调器的生产厂商；在"型号"列表框中选择正确的调制解调器型号。如果用户的调制解调器在该向导窗口不能找到，则将调制解调器的驱动盘插入软驱或放入 CD-ROM 中，并单击【从磁盘安装】按钮。

⑧ 从"从磁盘安装"对话框中点击下拉列表或【浏览】按钮，选择【厂商文件复制来源】，单击【确定】按钮，开始驱动程序的安装。

⑨ 在安装完驱动程序后，系统回到"添加硬件向导"，单击【下一步】按钮，打开"选择端口"对话框，选择相应的端口号，如 COM1、COM2，单击【下一步】按钮，完成调制解调器驱动程序的安装。

由于非即插即用的调制解调器上的串口设置通常和主板上的"COM2"一样，因此，若直接将调制解调器的通信端口设置为"COM2"，则可能引起两个串口间的中突。解决的方法有两种：一是将原来主板上的串口 2 屏蔽掉，然后通过添加新硬件方法添加一个通信端口。这时的 COM2 就不是原来的 COM2，就不会再引起中突；二是改变调制解调器的串口设置。但方法比较复杂。

3. 创建与配置拨号网络连接

（1）创建拨号网络连接。在将计算机连入因特网之前，需要创建拨号网络连接（即与 ISP 主机的连接），通过该连接，可以将计算机连接到因特网，从而享受因特网给用户带来的便利。

① 打开"控制面板"窗口，在"控制面板"中双击【网络和 Internet 连接】图标，打开"网络和因特网连接"窗口（见图 4-2-5）。

② 单击【网络连接】选项，打开"网络连接"窗口，如图 4-2-6 所示。

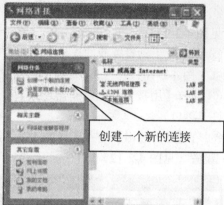

图 4-2-5　"网络和 Internet 连接"窗口　　　　图 4-2-6　"网络连接"窗口

③ 单击【创建一个新的连接】选项，打开"新建连接向导"对话框（见图 4-2-7），单击【下一步】按钮，进入"网络连接类型"设置，如图 4-2-8 所示。

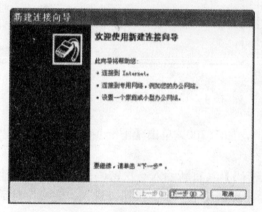

图 4-2-7　"新建连接向导"对话框　　　　图 4-2-8　"网络连接类型"对话框

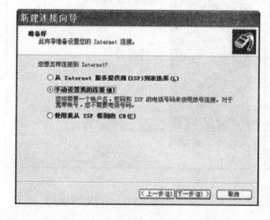
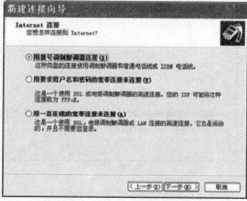

图 4-2-9　"Internet 连接手段"对话框　　　　图 4-2-10　"Internet 连接方法"对话框

④ 选择【连接到 Internet】单选按钮，单击【下一步】按钮，进入"Internet 连接手段"设置（见图 4-2-9）。

⑤ 选择【手动设置我的连接】单选按钮，单击【下一步】按钮，进入"Internet 连接方法"设置（见图 4-2-10）。

⑥ 选择【用拨号调制解调器连接】单选按钮，单击【下一步】按钮，进入"连接名"设置（见图 4-2-11）。

⑦ 在【ISP 名称】输入选择的 ISP，如"上海电信"。单击【下一步】按钮，进入"拨号号码"设置（见图 4-2-12）。

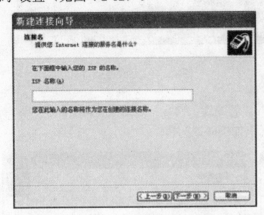 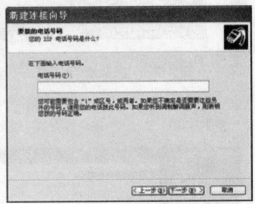

图 4-2-11 "连接名"对话框　　　　　图 4-2-12 "拨号号码"对话框

⑧ 在【电话号码】处输入 ISP 的拨号号码，如 16300。单击【下一步】按钮，进入"帐户信息"设置（见图 4-2-13）。

⑨ 输入【用户名】、【密码】及【确认密码】（重新输入一次密码），如用户名输入"16300"，密码和确认密码都输入"16300"，单击【下一步】按钮，进入"完成"对话框（见图 4-2-14）。

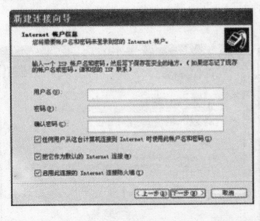 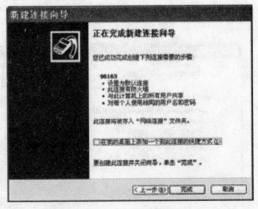

图 4-2-13 "帐户信息"对话框　　　　　图 4-2-14 "完成"对话框

⑩ 单击【完成】按钮，完成创建拨号网络连接。

　　如果用户申请了多个 ISP 帐号，这时需要在同一台计算机上创建多个拨号网络连接，一个拨号网络连接对应一个连接。在同一台计算机上可以创建多个拨号网络连接，而且这些不同的连接可以使用同一个"调制解调器"，但不能同时连接。

　　（2）配置拨号连接属性。在创建拨号网络连接之后，还需要按照 ISP 提供的信息对拨号网络进行适当的配置，其中包括用户注册的拨号服务器电话号码和相应的 DNS 服务器 IP 地址或域名等参数。

　　① 单击任务栏【开始】，在"连接到"中选择所创建的拨号网络连接，打开"连接"对话框（见图 4-2-15）。

　　② 单击【属性】按钮，打开"属性"对话框（见图 4-2-16）。

图 4-2-15　"连接"对话框　　　　　　　　图 4-2-16　"属性"对话框

　　③ 在"常规"选项页中可以重新设置拨号的电话号码，若用户与 ISP 在同一地区，请清除【使用拨号规则】复选框。

　　④ 如果要设置调制解调器，单击【设置】按钮，打开"调制解调器配置"对话框进行设置。

　　⑤ 在"选项"页中，可以设定一些拨号选项和重拨选项，如拨号之前等候拨号音、取消呼叫的时间和是否断线重拨等。

　　⑥ 在"安全"选项页中，可以设定一些安全选项。

　　⑦ 单击"网络"选项卡（见图 4-2-17），在【拨号网络服务器类型】列表中选定网络服务器，即因特网服务提供商提供的网络服务器的类型。

　　⑧ 选定将在连接中使用的协议【Internet 协议（TCP/IP）】（见图 4-2-17），单击【属性】按钮，打开"Internet 协议（TCP/IP）属性"对话框（见图 4-2-18）。

　　⑨ 输入 DNS 服务器的 IP 地址和本机的 IP 地址。默认情况下，一般的拨号 ISP 不指定 IP 地址，所以选择【自动获得 IP 地址】选项。若 ISP 是要求指定 IP 地址的，则选择【使用

下面的 IP 地址】选项，并在【IP 地址】栏输入具体的 IP 地址，且将 ISP 提供的 DNS 域名服务器的地址填入【首选 DNS 服务器】栏。

⑩　单击【确定】按钮，完成拨号连接设置。

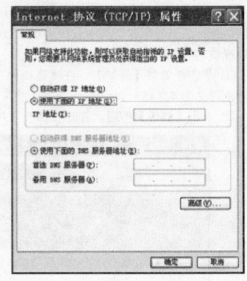

图 4-2-17　"网络"选项卡　　　　　　　　图 4-2-18 "TCP/IP 协议属性"对话框

在"网络"页面上，用户可以同时选定安装多种协议，也可选定其中的一种，但如果要连接因特网就必须选定"TCP/IP 协议"。

4. 拨号连接和断开连接

创建拨号网络连接之后，就可以进行拨号上网，即通过网络连接将计算机连入因特网。

（1）单击任务栏【开始】，在【连接到】中选择所创建的拨号网络连接，如"上海电信"，打开"连接"对话框（见图 4-2-15）。

（2）在【用户名】框中输入用户名，如"16300"；在【密码】框中输入密码，如"16300"；在【拨号】框中输入电话号码，如"16300"（见图 4-2-15）。

（3）单击【拨号】按钮，将进行自动拨号连接（见图 4-2-19）。如果电话拨通，系统将验证用户名和密码，如果占线，请稍后再拨，或使用 ISP 提供的其他电话号码再拨。如果验证用户名和密码合格，系统就可以登录到网络，登录成功之后，屏幕上将出现"已创建连接"对话框。同时，终端屏幕将自动缩为一个图标并显示在【任务栏】上（见图 4-2-20）。

图 4-2-19　"连接"对话框　　　　　　　　图 4-2-20　"任务栏"

如果要断开拨号网络连接，右击【任务栏】上的拨号网络连接图标，这时将弹出网络连接的终端显示快捷菜单，然后单击【断开】菜单项。

我们常说 Modem 的速度是 56KB，但在浏览网页或下载软件时一般只能达 5～6KB。其实 56KB 中的 "b" 指的是 bit，而 5～6KB 中的 "B" 指的是 Byte，两者相差 8 倍。1Byte=8bit。折算一下就差不多了。所以并不是 Modem 有问题。

4.2.2　ISDN（一线通）

1. ISDN 简介

ISDN，英文全称是 Integrated Services Digital Network，中文名称是"综合业务数字网"，是一个采用数字传输与数字交换的网络，它将电话、传真、数据、图像等多种电信业务综合在一个统一的数字网络进行传输和处理，用户只需通过一个电话端口即可实现电话、传真、数据、图像等的传送，因而又称其为"一线通"。

ISDN 是以综合数字电话网（IDN）为基础发展而成的，能够提供端到端的数字连接。普通模拟电话网采用了数字传输和交换以后就变成 IDN，但是在 IDN 中，从用户终端（比如电话机）到电话局交换机之间仍是模拟传输，需要配备调制解调器（Modem）才能传送数字信号。ISDN 将从一个用户终端到另一个用户终端之间的传输全部数字化，包括了用户部分，以数字形式统一处理各种业务，使用户可以获得数字化的优异性能。

ISDN 由两个 B 通道和一个 D 通道组成，每个 B 通道可以提供 64Kbps 的语音或数据传输速率。因此，用户不但可以有 128Kbps 的速率上网，也可以在 64Kbps 速率上网的同时在另一个通道上打电话，或者同时接听两个电话。

2. ISDN 的特点

ISDN 的主要特点如下：

（1）ISDN 能提供端到端的数字连接，用来承载包括话音和非话音在内的多种业务；在各用户终端之间实现以 64Kbit／s 速率为基础的端到端的透明传输。

（2）用户能够通过有限的一组标准多用途用户／网络接口接入 ISDN。

（3）ISDN 不仅能提供电路交换业务，还能提供分组交换和非交换的专用线业务，用户可根据需要灵活选用，并且能与现有电话网、分组网实现互通。

（4）ISDN 采用两种标准的用户／网络接口，即基本速率接口（BRI）和基群速率接口（PRI）。

（5）ISDN 终端应具有三种功能，即人-机接口、D 信道协议处理、用户终端协议处理功能。另外，终端还要具有智能性、移动性、兼容性、信息显示等特性。

（6）ISDN 具有通信业务的综合化。利用一条用户线就可以提供电话、传真、可视图文及数据通信等多种业务，实现高可靠及高质量的通信。由于终端和终端之间的信道实现全数字化，噪音、串音及信号衰落失真受距离与链数增加的影响很小，通信质量高；使用方便，信息信道和信号信道分离；与各自独立的通信网相比，将业务综合在一个网内，费用低廉。

3. ISDN 终端设备的功能

申请安装 ISDN 后，仅靠一部模拟电话机实现 ISDN 在各个领域的应用显然是不行的，还需要 ISDN 终端设备。

ISDN 的终端设备品种繁多，最常用的终端设备主要有以下几种：

（1）网络终端（NT）。网络终端是用户传输线路的终端装置，它是实现在普通电话线上进行数字信号转送和接受的关键设备，是电话局程控交换机和用户的终端设备之间的接口设备。该设备安装于用户处，是实现 N-ISDN 功能的必备终端。网络终端分为基本速率网络终端 NT1 和一次群速率网络终端 NT2 两种。NT1 向用户提供 2B+D 二线双向传输能力，它完成线路传输码型的转换，并实现回波抵消数字传输技术。它能以点对点的方式最多支持八个终端设备接入，可使多个 ISDN 用户终端设备合用一个 D 信道，并向用户终端和电话局交换机之间传递激活与去激活的控制信息。该设备完成维护功能，使电话局能通过该设备进行环路测试等。NT1 具有功率传递功能，能够从电话线路上吸取来自电话局的直流电能，以便在用户端发生停电时实现远端供电，保证终端设备的正常通信。

（2）ISDN 用户终端。ISDN 用户终端设备种类很多，有 ISDN 电视会议系统（包括可视电话）、PC 桌面系统、ISDN 小交换机、TA 适配器（内置、外置）、ISDN 路由器、ISDN 拨号服务器、数字电话机、四类传真机、DDN 后备转换器、ISDN 无数转换器等。这些终端可以使得 ISDN 提供丰富多采的功能。

4. ISDN 接入

ISDN 的功能繁多，其中包括因特网接入，ISDN 的因特网接入方法如图 4-2-21 所示。

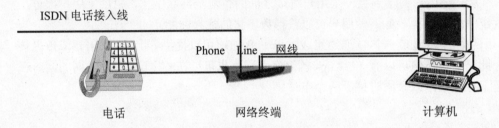

图 4-2-21　ISDN 的因特网接入

4.2.3　ADSL（超级一线通）

1. ADSL 简介

ADSL 全称是 Asymmetric Digital Subscriber Loop，中文意思是"非对称数字用户线路"。它以普通电话线路作为传输介质，既在普通双绞铜线上实现下行高达 8Mbit/s 传输速度；上行高达 640Kbit/s 的传输速度，只要在普通线路两端加装 ADSL 设备，既可使用 ADSL 提供的高带宽服务，通过一条电话线，便可以比普通 Modem 快 100 倍速度浏览因特网。

2. ADSL 这种宽带接入技术具有以下特点

（1）可直接利用现有用户电话线，节省投资。

（2）可享受超高速的网络服务，为用户提供上、下行不对称的传输带宽。

（3）节省费用，上网同时可以打电话，互不影响，而且上网时不需要另交通信费。

（4）安装简单，不需要另外申请增加线路，只需要在普通电话线上加装 ADSL Modem，在电脑上装上网卡即可。

3. ADSL 安装

（1）硬件安装。ADSL 接入因特网需要准备以下部件：一块 10M 或 10M/100M 自适应网卡；一个 ADSL 调制解调器；一个信号分离器；另外还有两根两端做好 RJ11 头的电话线和一根两端做好 RJ45 头的五类双绞网络线。具体接线如图 4-2-22 所示。

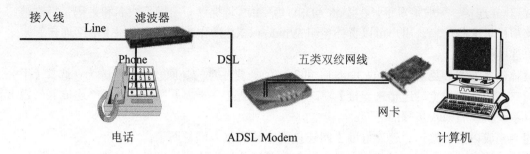

图 4-2-22　ADSL 的因特网接入

① 安装网卡：
● 把电脑的电源关掉，打开主机机盖。
● 网卡安装在空置的插槽（PCI）上。
● 把机盖关上，开启电脑。
● 进入 Windows 后，系统提示找到新硬件，安装网卡的驱动程序即可。

此网卡是专门用来连接 ADSL Modem 的。因为 ADSL 调制解调器的传输速度达 1M/8M，计算机的串口不能达到这么高的速度（最近兴起的 USB 接口可以达到这个速度，所以也有 USB 接口的 ADSL Modem）。加入这块网卡就是为了在计算机和调制解调器间建立一条高速传输数据通道。

② 安装 ADSL Modem 的信号分离器（又叫滤波器，Splite）。信号分离器是用来将电话线路中的高频数字信号和低频语音信号分离的。低频语音信号由分离器接电话机用来传输普通语音信息；高频数字信号则接入 ADSL Modem，用来传输上网信息和 VOD 视频点播节目。这样，在使用电话时，就不会因为高频信号的干扰而影响话音质量，也不会因为在上网时，打电话由于语音信号的串入影响上网的速度。

安装时先将来自电信局端的电话线接入信号分离器的输入端，然后再用前面准备那根电话线一头连接信号分离器的语音信号输出口，另一端连接电话机。此时电话机应该已经能够接听和拨打电话了。

另外，在有些更先进的系统中由于减低了对输入信号的要求，就不需要安装信号分离器了，使该 ADSL Modem 的安装更加简单和方便了。

③ 安装 ADSL Modem。用前面准备的另一根电话线，将来自于信号分离器的 ADSL 高频信号接入 ADSL Modem 的 ADSL 插孔，再用一根五类双绞线，一头连接 ADSL Modem 的 10BaseT 插孔，另一头连接计算机网卡中的网线插孔。这时候打开计算机和 ADSL Modem 的电源，如果两边连接网线的插孔所对应的指示灯都亮了，那么硬件连接也就成功了。

（2）软件部分。ADSL 上网的软件设置可分为以下的几各步骤：
① 网卡的安装和设置。由于 ADSL 调制解调器是通过网卡和计算机相连的，所以在安装 ADSL Modem 前要先安装网卡，网卡可以是 10M 或 10/100M 自适应的。对于大多数标准网卡来讲，Windows XP 能自动检测并安装驱动程序。

要注意的是，安装协议里一定要有 TCP/IP，一般使用 TCP/IP 的默认配置，即选择【自动获得 IP 地址】选项和【自动获取 DNS 服务器地址】。

② 建立连接。一般情况下，在安装 ADSL 后，ISP 将提供一上网用户名和密码，每次链接线路需核实这些信息。用户可以直接使用 Windows XP 操作系统中提供的【网络连接】来建立"连接程序"。

具体建立方式参见 4.2.1 节的 3、（1）的①～⑩，要注意的是原⑥在这里改为：选择【用要求用户名和密码的宽带连接来连接】单选按钮，单击【下一步】按钮，进入"连接名"设置。且系统将没有原⑧步骤的画面。

建立完成以后直接运行建立好的上网连接程序即可接入因特网了。

在连线状态，会在系统任务栏中显示一个和普通拨号网络连接以后类似的小图标，通过右键可以了解当前 ADSL 在网络中的多种网络参数信息。

有些用户喜欢使用 EnterNet、WinPoET 或 RASPPPoE 等第三方连接工具，它们也是建立连接的拨号软件，这里不一一描述了。

4.2.4 Cable Modem（有线通）

1. Cable Modem 简介

Cable Modem（线缆调制解调器）是近几年开始使用的一种高速 Modem，它是利用现成的有线电视（CATV）网进行数据传输，到现在它已是比较成熟的一种技术。随着有线电视网的发展壮大和人们生活质量的不断提高，通过 Cable Modem 利用有线电视网访问因特网已成为越来越受业界关注的一种高速接入方式。

线缆调制解调器主要是面向计算机用户的终端，它是连接有线电视同轴电缆与用户计算机之间的中间设备。使用它无须拨号上网，也不占用电话线，便可永久连接。一个经过了双向改造的有线电视网通过 Cable Modem 系统，用户可在有线电视网络内实现因特网接入。

2. Cable Modem 特点

Cable Modem 是一种通过有线电视网络进行数据高速接入的设备。Cable Modem 在两个不同的方向上发送和接收数据，它把上、下行的数字信号用不同的调制方式调制在双向有线电视网的某一个 6MHz/8MHz 带宽的电视频道上。Cable Modem 把上行的数字信号转换成模拟射频信号，通过有线电视网传送。接收下行的信号时，Cable Modem 把他转换为用户计算机能够识别的数字信号，然后发送给用户计算机。Cable Modem 有如下特点：

（1）传输速率快，费用低，在各种接入方式中，是普通 Modem 的几十倍性价比。

（2）安装简单，即插即用，24 小时在线，开机即上网，无需用户拨号或安装软件。几乎所有的 Cable Modem 都使用的是网卡接口模式，不用拨号，就直接可以上网。将 Cable Modem 中的同轴电缆以及电源插好，再用反线连接网卡的 RJ45 的头。接着只需要对计算机进行一些配置。让 TCP/IP 自动获取 IP 地址。

（3）管理方便，升级迅速，头端统一管理每个用户，并提供 Cable Modem 升级服务。

Cable Modem 的传输速率根据调制方式而有所不同，传输距离可以达到 100 km 以上。系统前端的 Cable Modem 局端系统（CMTS）能和所有的 Cable Modem 进行通信，Cable Modem 只能和 CMTS 进行通信，如果两个 Cable Modem 间需要进行通信，那么必须由 CMTS 进行转发。

3. CABLE Modem 的申请安装及设置

（1）硬件安装。CABLE Modem 接入需要如下部件：一个 Cable Modem（带电源）、一

块 10M 或 10M/100M 自适应网卡、2 m 双向视频同轴电缆（已经做好专用接头）、适当长度
的五类双绞网线 （已经做好专用接头）。按图 4-2-23 所示接线。

① 安装网卡：

● 把电脑的电源关掉， 打开主机机盖。

● 网卡安装在空置的插槽（PCI） 上。

● 把机盖关上，开启电脑。

● 进入 Windows 后，系统提示找到新硬件，安装网卡的驱动程序即可。

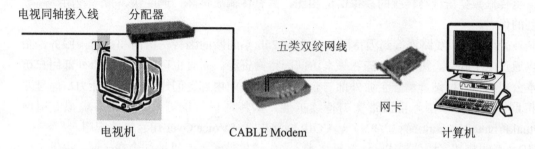

图 4-2-23　　CABLE Modem 的因特网接入

② 连接 Cable Modem。

● 为安全着想，先关掉所有电源（包括电视、机顶盒及个人电脑）。

● 所有"有线电视"用户的家中都已装置了一个专为连接有线电视的天线插座。将连
接着天线插座及有线电视的同轴线，在天线插座一端解开，然后取出 Cable Modem 自行组装
配件中较短的同轴线，接上天线插座和 Cable Modem。 如果家里没有多余的天线插座，可从
家里某一有线电视的天线插座处接一个分配器。

● 用组装配件中较长的五类双绞网络线将 Cable Modem 与个人电脑背后的网卡上的
RJ-45 插口连好。

● 用户开启 Cable Modem 及个人电脑的电源后，Cable Modem 背面的绿色小灯会亮起，
网卡上红灯和绿灯都亮起，表示 Cable Modem 已经成功接上电脑。任何一处的灯不亮表示那
一地方可能有故障。

● Cable Modem 的正面设有 4 至 5 个小灯，不同产品的型号，灯的标识不同。有一类
型号分别是 Send、Receive、Message 及 Online。 Cable Modem 成功接上电脑后，在 Cable
Modem 正面的 Send 及 Receive 会不停闪动绿灯。 过几分钟后，Send 会长亮着，Receive 则
仍然闪动。然后 Message 会快速地闪动一次，Online 便亮起绿灯，即表示安装 Cable Modem
的所有程序经已完成，用户可在电脑内设定 TCP/IP ，然后尝试通过 Cable Modem 接驳上网。
另有一类型号的标识分别是 Status、Cable、PC、Data，用来表示线缆、计算机和数据传输的
情况。

● 如发现 Cable Modem 在接通电源后 10min，Online/Cable 灯仍未亮起 ，请检查各同
轴线是否正确连接。如仍未能启动 Cable Modem，打电话与 ISP 联系。

（2）电脑软件设置。要注意的是安装协议里一定要有 TCP/IP 协议，一般使用 TCP/IP
的默认配置，即选择【自动获得 IP 地址】选项和【自动获取 DNS 服务器地址】选项。一般

来说，只要用户按照正常程序安装网卡的驱动程序，就会成功安装 ICP/IP 协议。

4.2.5　DDN 专线

1. DDN 专线简介

DDN 专线是数字数据专线（Digital Data Network Leased Line）的简称，是利用数字信道传输数据信号的数据传输网，它是随着数据通信业务的发展而迅速发展起来的一种新型网络。它的传输媒介有光纤、数字微波、卫星信道以及用户端可用的普通电缆和双绞线。利用数字信道传输数据信号与传统的模拟信道相比，具有传输质量高、速度快、带宽利用率高等一系列的优点。

企业采用 DDN 线路连接到因特网，可享受 24h 不间断的因特网访问和被访问服务，企业可以通过电子邮件、浏览器、FTP 等来访问因特网资源；同时也可建设提供给外部用户访问的本公司的企业网站、增强企业外部与企业内部和企业内部之间进行沟通的能力，而且随着因特网网络带宽、国际出口带宽的持续扩展，因特网目前也可很好地支持虚拟专用网（Virtual Private Network 简称 VPN）、VOIP 网路电话（Voice Over IP）等的应用。

DDN 专线将数字通信技术、计算机技术、光纤通信技术等有机地结合在一起，提供了一种高速度、高质量、高可靠性的通信环境，为用户规划、建立自己安全、高效的专用数据网络提供了条件，因此，在多种因特网的接入方式中最适应单位客户的需要。

2. DDN 专线特点

DDN 专线向用户提供的是半永久性的数字连接，沿途不进行复杂的软件处理，因此延时较短，避免了传统的分组网中的传输协议复杂、传输时延大且不固定的缺点；通信信道容量的分配和连续均在计算机控制下进行,具有极大的灵活性和可靠性，使用户可以开通种类繁多的信息业务，传输任何合适的资料信息。具体说来，DDN 专线接入因特网的特点主要有以下几个方面：

（1）通信保密性强，特别适合金融、保险等保密性要求高的客户需要。

（2）传输质量高，通信速率可根据用户需要在 512K～10M 之间选择，网络时延小。

（3）专线充分保证了通信的可靠性，保证用户使用的带宽不会受其他客户使用情况的影响。

（4）用户可构筑自己的 Web 网站、E-mail 服务器等信息应用系统。

3. DDN 专线接入

用户终端设备接入方式有以下几种：

（1）通过调制解调器接入 DDN；

（2）通过 DDN 的数据终端设备接入 DDN；

（3）通过用户集中器接入 DDN；

（4）通过模拟电路接入 DDN；

（5）通过 2048kb/s 数字电路接入 DDN。

4.3　浏览 WWW 网页

连接上网后就可以使用因特网上的各种网络资源了。网上最常用的就是 WWW 浏览器。

目前使用最广泛的浏览器是微软公司的 Internet Explorer（以下简称 IE）。

4.3.1　认识 Inernet Explorer 8.0

1. 启动 Internet Explorer

启动 IE 的基本方法是：单击【开始】按钮，单击【所有程序】，单击【Inernet Explorer】。如果桌面上有"Internet Explorer"图标，也可以直接双击该图标，启动 IE。

2. 熟悉 Internet Explorer 8.0 浏览器的界面

启动浏览器后，出现 Internet Explorer 浏览器窗口，如图 4-3-1 所示。其中：

（1）标题栏：显示当前正在浏览的网页名称或当前浏览网页的地址，图 4-3-1 中当前网页的名称为"中国上海"。

（2）地址栏：输入网页地址的地方。它前面有"后退"和"前进"两个按钮（　　），分别用于撤销这次地址栏的地址和恢复上次的撤销。它后面有"搜索框"（　　），可以通过输入指定单词或短语来搜索最相关的网页。

（3）菜单栏：显示可以使用的所有菜单命令。

（4）标准工具栏：列出了常用命令的工具按钮，使用户可以不用打开菜单，而是单击相应的按钮来快捷地执行命令。

（5）收藏夹栏：将网页保存到收藏夹，供以后调出浏览。

（6）选项卡栏：打开第二个（或第三个或第四个）网页时，而不关闭第一个网页。Internet Explorer 允许为每一个想打开的新网页创建一个选项卡。可以使用选项卡快速在网页间切换，甚至可以同时查看所有的网页。

图 4-3-1　Internet Explorer 浏览器窗口

（7）浏览区：用户查看网页的地方，对用户来说也是最感兴趣的地方。

（8）状态栏：显示当前用户正在浏览的网页下载状态、下载进度和区域属性。

4.3.2　浏览网页

1. 用 IE 漫游因特网

接入因特网并启动 IE 后，在地址栏输入 Web 地址，然后按 Enter 键，即打开该 Web 地址的网页。

在网上漫游是通过超链接来实现的，所要做的只是简单地移动鼠标指针并决定是否单击相应链接。由每一个超级链接（图像或者文字）的上下文，或是图像旁边的文字说明，可以知道它所代表的网页的内容，通过这些简单描述就可以确定是否打开相应的网页进行浏览。

下面来开始一次最简单的漫游。

（1）首先连接网络，然后打开浏览器，在地址栏输入 www.shanghai.gov.cn，然后按下回车键。

（2）将鼠标指针指向带下划线的文字处时，鼠标指针变成手形，表明此处是一个超级链接，并且鼠标下面文字的颜色将变成另一种颜色。单击鼠标，浏览器将显示出该超级链接指向的网页。

（3）将鼠标指针指向打开的新网页中的某一幅图像或者文字时，如果看到鼠标指针又变成了手形，表明此处还是一个超级链接。在上面单击鼠标左键，就会转到相应的网页。

有些网页，单击一个超级链接后，超级链接文字的颜色将由原来的颜色变成红色。用户在返回原来的网页时就可以区分开哪些超级链接所链接的网页已经访问过了，这样就不会重复访问，浪费时间了。

2. 导航按钮使用

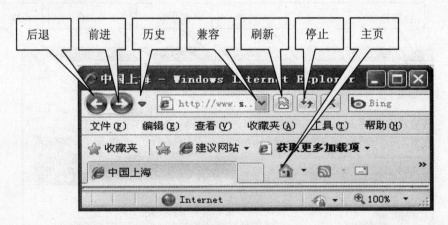

图 4-3-2　IE 导航按钮

用户在浏览过程中可以试试使用一下导航按钮（见图 4-3-2），它们的功能依次是：

"后退"：回到最近一次浏览过的网页。

"前进"：前进到最后一次后退之前的网页。

"历史"：直接选择已经浏览的页面。

"兼容"：专门为旧版本的浏览器设计的网站，在本浏览器中兼容其中的视图。

"刷新"：重新载入当前正在浏览的网页以保证该网页最新。

"停止"：停止载入当前正在下载的网页。

"主页"：显示主页。

下面详细介绍导航按钮的作用。

（1）浏览上一页。在刚开始打开浏览器的时候，"后退"和"前进"按钮都是灰色不可用状态。当单击某个超级链接打开一个新的网页时，"后退"按钮就会变成黑色可用状态，随着浏览时间的增加，用户浏览的网页也逐渐增多，有时发现路走错了，或者是需要查看刚才浏览的网页，这时单击"后退"按钮，就可以返回上一网页继续浏览。

（2）浏览下一页。单击"后退"按钮后，可以发现"前进"按钮也由灰变黑，继续单击"后退"按钮，就依次回到在此之前浏览过的网页，直到"后退"按钮又变灰了，表明已经"无法再后退了"。

此时如果单击"前进"按钮，就又会沿着原来浏览的顺序依次显示下一网页。

"后退"和"前进"按钮是用来帮助用户在最近浏览过的网页中快速定位的。用它们可以快速选择下一步浏览的起点。

（3）快速返回浏览过的页面。直接单击"后退"或"前进"按钮每次只能后退或前进一个页面，若单击"历史"按钮，则会弹出一个菜单，菜单中列出了可以前进或后退到的页面。单击其中某一菜单项即可转到相应的页面。

（4）返回起始网页。在不同的场合，"主页"的含义可能不太一样。在 Internet Explorer 浏览器中，"主页"代表的是每次打开浏览器时所看到的第一个网页，或称起始页。而当用户访问某个网站时，首先显示的网页称为该网站的主页，通过主页提供的链接，用户可以方便快捷地访问该网站的其他页面（或称为信息资源）。如果把网上浏览比作出海遨游，那么"主页"就是用户每次网上冲浪的起点。

当在网上迷失方向时，单击"主页"按钮可以回到访问因特网的起始页面。

（5）刷新某个网页。如果长时间地在网上浏览，较早浏览的网页可能已经被更新，特别是一些提供实时信息的网页，比方说浏览的是一个有关股市行情的网页，可能这个网页的内容已经更新了。这时为了得到最新的网页信息，可通过单击"刷新"按钮来实现网页的更新。

当某个网页传输过程中出现错误时，单击"刷新"按钮，可以重新下载该网页。

（6）停止某个网页的下载。在浏览的过程中，如果发现一网页过了很长时间还没有完全显示，那么可以通过单击"停止"按钮来停止对当前网页的载入。

（7）兼容旧版本的视图布局。IE8 提供了一种简单的方式来修复显示问题，例如菜单、图像和文本的错位，因为兼容性查看按钮可以按照页面最初的设计进行显示。某些网站针对旧版浏览器而设计，因此无法在 IE8 中正常显示。在默认情况下，IE8 会以最符合标准的方式渲染内容。

3. 使用多个选项卡浏览

有时候受基础设施的限制，网上信息传输速度是较慢的，用户在浏览 Web 页时最大的感觉恐怕就是速度慢了。使用多选项卡浏览可以有效地减少这种感觉。

（1）单击"文件"菜单，单击【新建选项卡】菜单项命令，在本窗口打开一个选项卡，就可以开始新的网络连接。

（2）在新的选项卡可以访问其他站点，只要单击该新选项卡，使该选项卡成为当前活动选项卡，再在"地址栏"中输入感兴趣的网址。

（3）用户可以采用上述方法打开多个浏览选项卡进行浏览。单击选项卡标签可以迅速地在各个浏览页面中切换。

4. 使用多个浏览器窗口浏览

用选项卡可以较方便地浏览多个网页，但有时候希望在屏幕上同时看到多个网页，就必须使用多窗口浏览了。

（1）单击"文件"菜单，单击【新建窗口】菜单项命令，打开一个浏览器窗口，就可以开始新的网络连接。

（2）在新的浏览器窗口可以访问其他站点，或者将原来访问站点的感兴趣的链接拖放至新建的浏览器窗口。

（3）用户可以采用上述方法打开多个浏览器窗口进行浏览。用户在估计某个网页下载完毕时，可单击该浏览器窗口将其设置为当前窗口。

使用 Alt+Tab 键可以迅速完成在多个窗口之间切换。

4.3.3 使用 IE 功能

使用收藏夹：可以将喜爱的网页添加到收藏夹中保存。以后就可以通过收藏夹快速访问用户喜欢的 Web 页或站点。

1. 将某个网页/站添加到收藏夹

将 Web 页添加到收藏夹的方法如下：

（1）转到要添加到收藏夹列表的 Web 页。

（2）打开"收藏"菜单，单击【添加到收藏夹】选项。

（3）在出现的"添加到收藏夹"对话框的名称文本框中键入该页的新名称，如图 4-3-3 所示。

（4）然后单击【添加】按钮。

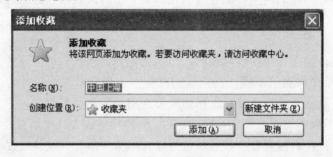

图 4-3-3 添加到收藏夹

2. 将收藏的 Web 页组织到文件夹中

当收藏的 Web 页不断增加时，用户可以将它们组织到文件夹中，也可以创建新的文件夹来组织收藏的项目。具体操作步骤如下：

（1）打开"收藏"菜单，单击【整理收藏夹】选项。

（2）在弹出的"整理收藏夹"对话框中单击【新建文件夹】按钮，如图 4-3-4 所示。然后键入文件夹的名称，最后按回车键。

（3）将列表中的快捷方式拖放到合适的文件夹中。

如果因为快捷方式或文件夹太多而导致无法拖动，可以先选择要移动的网页，然后单击【移动】按钮，在弹出的"浏览文件夹"对话框中选择合适的文件夹，然后单击【确定】按钮即可。

图 4-3-4　创建新的收藏夹

可以按照主题来组织 Web 页。例如，可创建一个名为"资料下载"的文件夹来存储下载的资料或音乐等方面的信息。这样用户可以迅速找到收藏的网页。

3．将某个网页/站从收藏夹中删除

在"收藏"菜单上单击【整理收藏夹】。如图 4-3-5 所示，选择要删除的网页，然后单击【删除】按钮。

用户也可以单击【收藏】按钮，在出现的收藏夹中右击要删除的项目，在弹出的菜单中选择【删除】命令。

4．由收藏夹访问喜爱的网页/站

要打开收藏的 Web 页，单击【收藏】菜单，然后单击要打开的 Web 页。

5．查看历史记录

当浏览过了许多网页以后，用户就会发现所访问的网址与网页连自己都说不清了，这时看一看浏览器做的历史记录，就可以找到自己所想看的网页的地址。什么是历史记录呢？在 Internet Explorer 浏览器中，它记录了用户在一定时期内浏览过的所有网页的网址。通过它，可以了解用户浏览的行踪。要注意的是，历史记录中记录的只是网页的网址信息，而不是网页的内容。

查看历史记录，请按如下步骤操作：

（1）单击 Internet Explorer 地址栏中的【历史】按钮，在其下拉列表中选择"历史记录"（见图 4-3-5），在用户浏览区的右侧会出现"历史记录"浏览器栏。"历史记录"浏览器栏中记录的网页按照时间顺序和该网页所属的站点进行组织，最高层是按时间顺序组织的时间目录，时间目录下面是该时间段内用户浏览过的站点目录，站点目录下一层则是网页的历史记录，所有的网页并未以 URL（统一资源定位符）的形式给出，而是给出了该网页的标题。将鼠标指针指向一个时间目录项并单击，可以打开该时间目录项下的网页的历史记录。此时再将鼠标指针指向一个网页的历史记录并单击，就可以打开相应的网页，如图 3-4-6 所示。

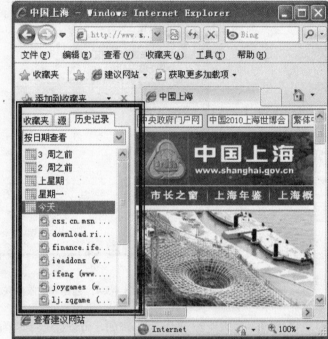

图 4-3-5 "历史记录"选项   图 4-3-6 网页历史记录

（2）查看完成历史记录后可以单击历史浏览器栏右上角的【×】按钮来关闭历史浏览器栏，也可以再次单击地址栏中的【历史】按钮下拉列表中的"历史记录"将其关闭。

对于喜欢的 Web 页或站点，可以将其保存到收藏夹，以后每当要打开该站点时，只需在工具栏上单击"收藏"按钮，并从收藏夹列表中选择，就能轻松打开这些站点。

如果用户有一个访问最频繁的站点，可将它设置为自己的主页。这样，每次启动 Internet Explorer 时，该站点就会第一个显示出来，或者在单击工具栏的"主页"按钮时立即显示。

在浏览的过程中，如果忘记了将 Web 页添加到收藏夹和链接栏，请单击工具栏上的【历史】按钮。历史记录列表列出了今天、昨天或几个星期前曾访问过的 Web 页。单击列表中的名称即可显示此页，然后再将它添加到收藏夹和链接栏即可。

4.3.4 网页的保存

在网上冲浪浏览时，经常会遇到一些有参考和保留价值的东西需要保存，以便将来参考或与他人共享。对于有重要信息的 Web 页，还可以将它打印出来，以便随时参考。下面介绍

Internet Explorer 浏览器的网页保存方法。

1. 保存网页

在浏览网页的过程中，希望保存感兴趣的页面，可当场打开"文件"菜单，单击【另存为】选项，出现如图 4-3-7 所示的"保存网页"对话框。

图 4-3-7 "保存网页"对话框

选择保存网页的路径并输入网页名称后，在"保存类型"下拉列表框中选择保存网页文本还是保存全部（含图片），单击【保存】按钮，完成当前网页的保存。

用户还可以在不打开一个网页的情况下保存它，前题是在当前浏览的网页中有该网页的超级链接。右击想要保存的超级链接，如右击"政府目标"超链接，弹出如图 4-3-8 所示的快捷菜单，单击【目标另存为...】选项，出现"另存为"对话框（见图 4-3-9），选择网页保存的目录并输入目标文件的名字，再单击【保存】按钮，就可保存该超级链接指向的网页。

图 4-3-8 IE 快捷菜单

图 4-3-9 "另存为"对话框

下载的同时会有进程显示,下载完毕后,出现的"文件下载"对话框如图 4-3-10 所示。单击【打开】按钮,会启动相应程序打开下载文件(本例中为"政府目标"页面);如果想关闭该对话框,单击【关闭】按钮即可。

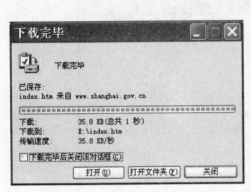

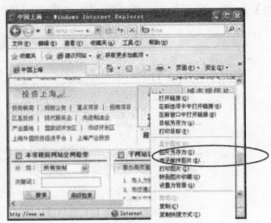

图 4-3-10 "文件下载"对话框   图 4-3-11 保存图像

2. 保存网页中的图像

用鼠标右键单击 Web 页上的图像(如图中所示的狐狸图标),弹出的菜单如图 4-3-11 所示。单击【图片另存为】选项,在弹出的"保存图片"对话框中指定文件保存的路径,文件名以及文件类型,如图 4-3-12 所示。然后单击【保存】按钮,即可保存图片。

对于精美的 Web 页的图像,还可以将它设为桌面墙纸,具体操作如下:

用鼠标右键单击 Web 页上的图像,然后单击【设置为背景】选项,即可将 Web 页的图像作为桌面墙纸。

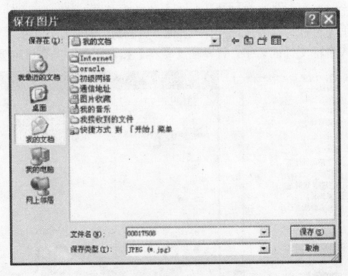

图 4-3-12 指定文件保存路径与文件名

4.3.5　设置 Internet Explorer

一般情况下，用户在"连接向导"的提示下输入相应的连接信息以后，基本上不需要什么配置就可以上网浏览了。但是浏览器的默认配置并非对每一个用户都适用，比方说，某个用户在因特网的连接速度比较慢，当浏览网页的时候，并不想每次都下载那些体积庞大的图像和动画，这时就需要对浏览器进行一些手工配置，让它更好地工作。

1. 更改主页

所谓主页就是指访问 WWW 站点的起始页，是 WWW 用户打开浏览器后可以看见的第一信息界面。连接到主页后，除了可以直接在主页了解到主页制作者的一般信息外，单击主页的超级链接，就可以又进入到另外的一个画面再进一步地获取到更多的信息。主页是一个站点的门面，做得好不好，直接影响访问的数量。Internet Explorer 浏览器默认的主页是 Microsoft 公司的页面，用户可以把自己访问最频繁的一个站点设置为用户的主页。这样，每次启动 Internet Explorer 时，该站点就会第一个显示出来，或者在单击工具栏的"主页"按钮时立即显示。更改主页请按以下步骤操作：

（1）打开因特网浏览器的"工具"菜单，单击【Internet 选项】选项，打开"Internet 选项"对话框，如图 4-3-13 所示。

（2）在"Internet 选项"对话框的"常规"选项卡中的"主页"栏的"地址"文本框中输入希望更改的主页网址，如输入 http://www.shanghai.gov.cn，然后单击"确定"按钮。这样，以后每次打开浏览器第一个看到的页面即是"上海政府网站"的网页。

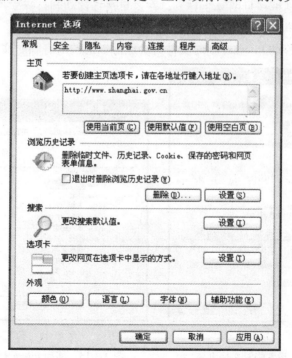

图 4-3-13　"Internet 选项"对话框

（3）在"常规"选项卡的"主页"框架中有三个按钮：

①"使用当前页"：表示使用当前正在浏览的网页作为主页。

②"使用默认页"：表示使用浏览器默认设置的 Microsoft 公司的网页作为主页。

③"使用空白页"：表示不使用任何网页作为主页，当打开浏览器时，浏览器只显示一个空白页。

2. 配置临时文件夹

用户所浏览的网页存储在本地计算机中的一个临时文件夹中，当再次浏览时，浏览器会检查该文件夹中是否有这个文件，如果有的话，浏览器将把该临时文件夹中的文件与源文件的日期属性作比较，如果源文件已经更新，则下载整个网页，否则显示临时文件夹中的网页。

这样可以提高浏览速度，而无须每次访问同一个网页时都重新下载。配置临时文件夹的方法如下：

（1）同更改主页一样，打开因特网浏览器的"工具"菜单，单击【Internet 选项】选项，打开"Internet 选项"对话框。

（2）在"常规"选项卡中单击"浏览历史记录"栏中的【设置】按钮，出现如图 4-3-14 所示的"Internet 临时文件和历史记录设置"对话框。

（3）在"Internet 临时文件和历史记录设置"对话框的"Internet 临时文件"栏中，通过输入【要使用的磁盘空间】栏的数值来改变"Internet 临时文件"的大小。

（4）单击"Internet 临时文件和历史记录设置"对话框中的【移动文件夹】按钮，出现"浏览文件夹"对话框（见图 4-3-15），在这里选择移动到目标文件夹，即可将 Internet 临时文件夹移动到用户选择的文件夹中。

要注意的是，移动 Internet 临时文件夹会删除以前的所有临时文件。

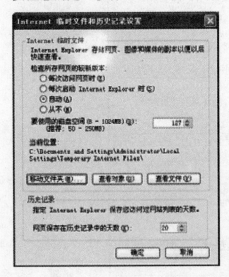

图 4-3-14　设置临时文件夹

图 4-3-15　移动 Internet 临时文件夹

用户还可以在这里设置是否检查所存网页的较新版本，选择【每次访问此页时】单选按钮，用户每次请求该页都作检查，以后用户再次请求时，浏览器只显示临时文件夹的网页。

这种方法速度较快,但不能保证网页都是最新的;选择【自动】单选按钮,让浏览器自动检查;选择【从不】单选按钮,则只要临时文件夹中有该网页,浏览器将不作任何检查,立即将其显示给用户,此种方法速度最快。

为了提高浏览速度,浏览器将已经查看过的网页保存在特定的文件夹中。当用户通过WWW 查阅重要的电子邮件或是机密信息时,应及时清空临时文件夹。

方法是,在"常规"选项卡的"浏览历史记录"中单击【删除...】按钮,在随后弹出的警示框中单击【确定】按钮。

3. 设置历史记录保存天数以及删除历史记录

通过历史记录,用户可以快速访问已查看过的网页。用户可以指定网页保存在历史记录中的天数以及清除历史记录。请按如下步骤操作:

(1)打开因特网浏览器的"工具"菜单,单击【Internet 选项】选项,打开"Internet选项"对话框。

(2)单击"退出时删除浏览历史记录"复选框,在以后关闭 IE 时将自动删除浏览的历史记录。

(3)在"常规"选项卡中单击"浏览历史记录"栏中的【设置】按钮,出现如图 4-3-14所示的"Internet 临时文件和历史记录设置"对话框。

(4)在"Internet 临时文件和历史记录设置"对话框的"历史记录"栏中的【网页保存在历史记录中的天数】文本框中输入要保留的天数,如图 4-3-14 所示。

4. 安全性设置

现在的网页不只是静态的文本和图像,页面中还包含了一些 Java 小程序、ActiveX 控件及其他一些动态和用户交流信息的组件。这些组件以可执行的代码形式存在,从而可以在用户的计算机上执行,它们使整个 Web 变得活泼生动。但是这些组件既然可以在用户的计算机上执行,也就会产生潜在的危险性。如果这些代码是精心编写的网络病毒,那么危险就会发生。

通过对 Internet Explorer 浏览器的安全性设置基本可以解决这个问题。用户可以按如下步骤设置:

(1)打开因特网浏览器的"工具"菜单,单击【Internet 选项】选项,打开"Internet选项"对话框。然后选中"安全"选项卡,如图 4-3-16 所示。

(2)在"区域"下拉列表框中单击要设置的区域。

(3)在"该区域的安全级别"栏里调节滑块所在位置,将该因特网区域的安全级别设为高、中、低。

(4)单击【确定】按钮。

如果安全级别设置较高,那么当浏览某些网站上的网页时,就可能会有一些页面不能浏览,也就是说其相应的信息被浏览器屏蔽掉了。对于一般用户,设置较低的安全级别是较为合理的。另外,因特网上每天都有数不清的信息在网络上流动,同时有不友好的信息,甚至是恶意的程序——通常是计算机病毒或是黑客程序,通过网络由浏览器下载到用户的计算机中潜伏起来,一旦条件成熟,就会破坏或偷取计算机的资源。所以,用户在下载软件或接收邮件时,应多加小心,尽量在名气比较大的网站下载软件,而对于陌生人发送的邮件要谨慎处理。

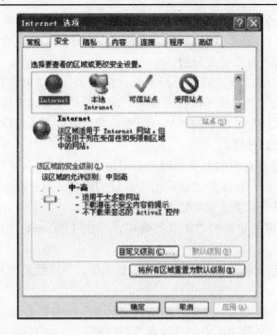

图 4-3-16　安全设置

5. 取消自动完成功能

　　Internet Explorer 浏览器可以自动记住用户输入的 Web 地址以及在网页表单中输入的数据，如用户名和密码等。这虽然给用户带来了一定的方便，但同样也带来了潜在的危险，出于安全的考虑，用户可以取消浏览器的自动完成功能。具体操作如下：

　　（1）打开"工具"菜单，选择【Internet 选项】命令，在弹出的对话框中单击【内容】选项卡，如图 4-3-17 所示。

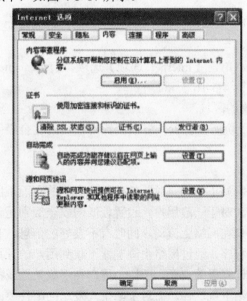

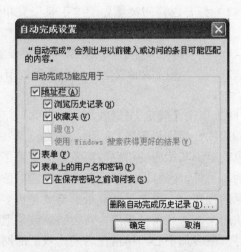

图 4-3-17　【内容】选项卡　　　　　图 4-3-18　"自动完成设置"对话框

（2）单击"自动完成"栏中的【设置】按钮，弹出的"自动完成设置"对话框如图 4-3-18 所示，取消选择【表单的用户名和密码】复选框，然后单击【确定】按钮。

4.3.6　使用搜索引擎

面对茫茫网海，漂泊时间越长，有一个要求就越强烈——如何能快速准确地找到自己所需要的信息，而不至于迷失其中呢？这里介绍目前国内外流行搜索工具的使用与技巧，侧重讲如何去发现和利用网上资源，并介绍实用信息检索方法。

1. 搜索引擎简介

搜索引擎是指为用户提供信息检索服务的程序，它通过服务器上特定的程序把因特网上的所有信息分析、整理并归类，以帮助人们在茫茫网海中搜寻到所需要的信息。在因特网上，有许许多多这样的服务器，时刻不停地将网上的信息归类，并编出索引，放入数据库中。另一方面，当用户通过搜索引擎查找信息时，搜索引擎就会对用户的需求产生响应，并根据查找的关键词检索数据库，最后将检索结果提供给用户。

2. 搜索引擎的基本服务方法

由于目前网站数量呈几何级数增长，以前的目录式搜索服务对分类、分级等工作带来极大的困难，且目录式搜索对搜索用户也必须有很高的编目知识的要求，不利于广大普通用户使用，因此国内中文版的几款常用搜索引擎都不再提供这种搜索服务。

如果需要根据一些特定的条件来搜索，就最好使用关键词搜索的方法，它是通过向用户提供的一个可以输入待查询的关键字、词组、句子的查询框界面，用户按一定规则输入关键字后，单击【搜索】按钮，搜索引擎就会查找相关信息，并将结果返回用户。

下面以 Google 搜索引擎为例来介绍一些基本的搜索规则，它们可以使搜索结果更迅速准确。

3. Google 搜索引擎的使用

Google 是目前最好用、功能最强大的搜索引擎之一。世界上有多个著名的门户网站（如雅虎 Yahoo、网易等）所使用的搜索功能，是由 Google 提供引擎和技术支持的，如图 4-3-19 所示。Google 的使命就是要提供网上最好的查询服务，促进全球信息的交流。Google 开发出了世界上最大的搜索引擎，提供了最便捷的网上信息查询方法。通过对数十亿网页进行整理，Google 可为世界各地的用户提供所需的搜索结果，而且搜索时间通常不到半秒。现在，Google 每天需要提供 2 亿次查询服务。

Google 发布至今才不过短短几年，就由于对搜索引擎技术的创新而获奖无数。它最擅长的是易用性和高相关性。

这里以查找有关"计算机应用能力"的相关资料为例来介绍 Google 搜索引擎的用法。

如图 4-3-19 所示，用户可以根据关键词进行查找：在查找框中键入"计算机应用能力"，用鼠标单击【Google 搜索】按钮后会出现如图 4-3-20 所示画面，最上面的检索结果表明共有多少符合搜索条件的信息，下面则是符合条件的相关网页。

Google 查询结果的组成部分

A.　常用链接

点击想使用的 Google 服务进行以下搜索：网页搜索、图片搜索或网上论坛搜索。

B.　Google 搜索按钮

单击此按钮可以提交另一个搜索请求。也可以通过敲击 Enter 键来提交查询。

C.　高级搜索

链接到一个网页，如有必要，从这个网页搜索可以控制搜索的范围。

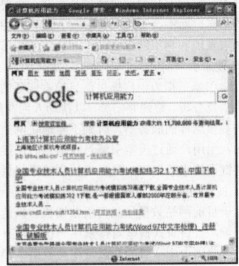

　　　图 3-3-19　Google 主页　　　　　　　　图 3-3-20　检索结果

D.　搜索字段

要使用 Google 查询资料，只需键入几个说明性的关键词。敲击 Enter 键（回车键）或单击 Google 搜索按钮，即可得到相关资料的列表。

E.　设置

使用它可以设置搜索偏好，包括每个网页上默认的搜索结果数量、界面语言以及查询语言。

F.　统计行

这里是有关查询结果及搜索时间的统计数字。

G.　网页标题

第一行是查询到的网页的标题，有时会显示为网址。这表明 Google 还未将此页编入索引，或此页作者还没给它定标题。但这并不影响该网页的质量。之所以会查询到该页是因为其他网页和它之间具有链接，而 Google 已为那些网页建立了索引。与这些链接相关联的文本如果同查询内容相匹配，该网页就会作为查询结果返回，即使其完整文本尚未建立索引。

H.　标题下文本

该文本是网页摘要，搜索关键词以粗体显示。单击查询结果之前，可以通过这些网页摘要浏览一下关键词在该网页中的上下文。

I.　网址

这是该网页的网址。

J.　网页快照

单击"网页快照"可以查看 Google 已编入索引的网页的内容。如果因为某种原因，通过站点链接无法访问当前的网页，还可以通过检索网页快照来查找需要的信息。搜索词在网页快照中突出显示。

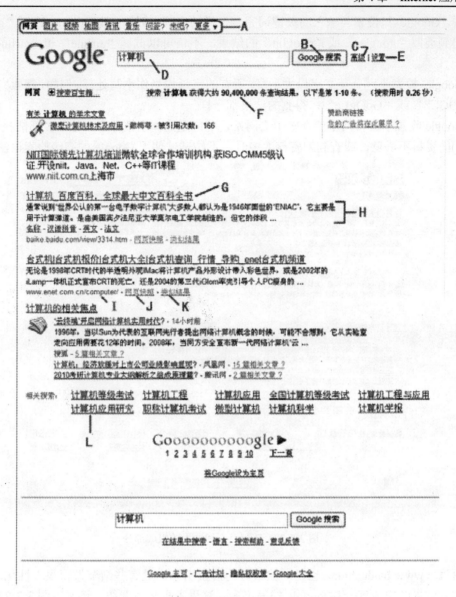

图 3-3-21 Google 查询结果的组成部分

K. 类似网页

单击"类似网页"时，Google 侦察兵便开始寻找与这一网页相关的网页。

L. 相关搜索

提供与关键字相近的搜索词条。

如图 4-3-21 所示，根据需要，把鼠标移至相关网页处，当鼠标的箭头变成一只小手时，点击它，则出现相关的资料。如果这一页没有需要的内容，可点击【下一页】，浏览下一个符合搜索条件网站，直至找到为止。

为提供最准确的资料，Google 不使用"词干法"，也不支持"通配符"（*）搜索。也就是说，Google 只搜索与输入的关键词完全一样的字词。例如：搜索"googl"或"googl*"，不会得到类似"googler"或"googlin"的结果。不信可以试试"airline"和"airlines"这两个词。

Google 搜索不区分英文字母大小写。所有的字母均当作小写处理。例如，搜索"google"、"GOOGLE"或"GoOgLe"，得到的结果都一样。

Google 收录了因特网上的众多中文网站，不论是简体字繁体字，差不多都能找到。当对查找到的资料不满意，或查到的资料太多时，不妨试试使用 Google 的高级检索语法。

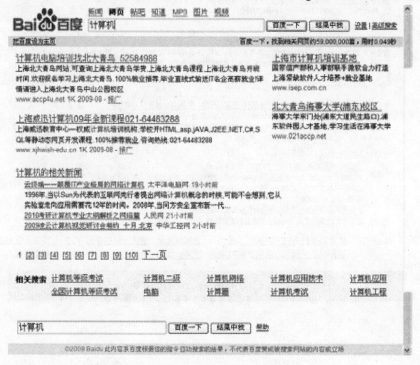

图 3-3-22　Baidu 查询结果的组成部分

百度（www.baidu.com）也是一款很好的搜索引擎，且有些细节做得很人性化，使用方法及搜索结果的组成部分与 Google 的差不多，这里不再具体介绍，请参见图 3-3-22。

4. Google 的高级检索语法

下面介绍一下 Google 的高级检索语法，以便获得更精确的检索结果。

（1）利用双引号来查询完全符合关键字的网站。例如，键入"计算机应用能力"，会找出只包含完整"计算机应用能力"的网站，会忽略只包含"计算机应用"或"应用能力"的网站。在上面的例子中，计算机应用能力没有加引号，查到的结果中包含了许多只含有"计算机应用"或"应用能力"的网站，所以可找到 1800000 个符合条件的网站。当键入"计算机应用能力"再进行检索，检索结果只有 31700 个符合条件的网站，准确多了。

（2）利用空格或"+"来限定关键字一定要出现在结果中。例如，要查找的内容必须同时包括"计算机、市场、行情"三个关键词时，就可用"计算机 市场 行情"或"计算机+市场+行情"来表示。

（3）利用 "-" 来限定关键字串一定不要出现在结果中。例如：要查找 "计算机网络"，但不要包含软件方面的资料，就可以用 "计算机网络-软件" 来表示。

如果不清楚这些用法，可以直接单击【高级搜索】，进入 "Google 高级搜索" 页面（见图 4-3-23），通过页面提示完成复杂的搜索。

5. 网上搜索策略

因特网上信息的几何增长，使得搜索引擎的发展显得跟不上，搜索的结果很难精确定位，让人越来越不满意。例如，想搜索关于计算机配件市场价格方面的信息，如果使用 "计算机" 这个词汇作为关键词进行搜索，就可能有数百万页的搜索结果。这是由于搜索引擎通过对网站的相关性来优化搜索结果，这种相关性又是由关键字在网站的位置、网站或网页的名称等决定。这就是使搜索引擎搜索结果多而杂的原因。而搜索引擎中的数据库因为因特网的迅速更新也必然包含了许多死链接。

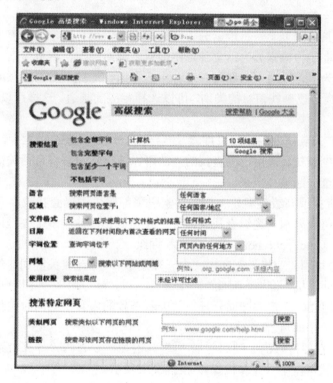

图 4-3-23 Google 高级搜索

这里提供的一些常用的搜索策略，可以在最大程度上使搜索引擎精确地定位用户所需的信息。

（1）选择合适的关键词。在 Web 上搜索时，选择合适的关键词，可以充分体现搜索的主题，使搜索引擎返回的结果明确、清晰。应注意避免使用普通词汇作为关键词，并且尽量添加限定词。以下是一些较好的检索例子：

多媒体个人电脑：通常请多给出几个修饰限定词，这样搜索引擎才能更好地明白要检索的主题。

音乐会：很多人都只给出一个词，这当然可以。但是，这个词必须能说明主题，如中国民族音乐会。

以下则是一些不好的检索例子：

计算机：这个词不能说明什么特别的主题，因为许多网页都与计算机有关。

故障：如果用这个词作为关键字，估计大多数反馈的都是不需要的网站。

（2）适当缩小查找范围。在使用搜索引擎进行信息查询时，由于与关键词相关的网页很多，经过优化后，往往还是反馈回大量不需要的信息。这时如果想精确地查找某一个关键词，则可以适当缩小查找范围。可以在文字框中输入带有修饰词的关键词，如给"轿车"加上修饰词，使检索关键词变为"国产家庭轿车"，再次检索时，返回的结果就比轿车明确多了。也可以加入一定的逻辑符号，如给关键词加一对半角的双引号（即在英文输入状态下的双引号），关键词"计算机硬件"就等于告诉搜索引擎只反馈回网页中有"计算机硬件"这个关键词完全匹配的网址。

许多搜索工具的网页上，将检索分为几大类别，供用户指定，以缩小查找范围，提高搜索效率。如首都在线将检索分为：全部资料检索、网站检索、网页检索、全文检索。网易则是将搜索类别分为多个频道，如新闻频道、生活频道、计算机与网络频道、财经频道、科学频道等，用户根据自己查找信息的类别，可以选择相应的频道。这样可以适当缩小查找范围，提高搜索效率。

（3）适当扩大查找范围。如果搜索没有结果，或是搜索结果太少，则可以适当扩大查找范围，进行模糊查找。采用模糊查找的方法可以使搜索引擎将包括关键词的网址和与关键词意义相近的网址一起被找出来。

（4）逻辑查找或高级搜索。一般的搜索引擎都提供逻辑查找或高级搜索功能来精确地查询内容，使之符合要求。逻辑查找或高级查找功能允许输入多个关键词，而且，各关键词之间可用操作符（and、or、not）来连接词和词组。

①"and"也可用"空格"，在中文中一般用"+"号连接关键词。例如，要查找的内容必须同时包括"计算机、价格、配件"三个关键词时，就可用"计算机+价格+配件"来表示。

②"or"或用"，"把关键词分开。它表示查找的内容不必同时包括这些关键词，而只要包括其中任何一个即可。

③"not"，在要排除的关键词前加"-"。例如，要查找"计算机媒体"，但必须没有"报纸"字样，就可以用"计算机媒体-报纸"来表示。

搜索时如能正确地组合这些操作符，就可使搜索引擎更好地服务了。

注意，输入代表逻辑关系的字符时一定要用半角。

（5）多种搜索工具同时使用。因特网本来就是一个庞大的数据库，需要什么就有什么，但是鉴于目前搜索引擎的工作方式远远跟不上因特网的快速发展，致使搜索引擎只能对有限的网页进行分类整理。任何一个搜索引擎都不可能检索到所有的网站，实际上可能只有30%甚至更低，也就是说，每个搜索引擎只能覆盖一定的网页。因此，如果某种搜索引擎查询结果不尽如人意，则可以再换一个搜索工具试一试。使用多个搜索引擎时，就可以充分利用它们各自的优点，以得到最佳最快捷的查询结果。

常用的中文搜索引擎还有 www.baidu.com、www.yahoo.com.cn、www.sohu.com 等，各个搜索引擎具有各自的优点，如有些搜索引擎提供"分类目录"，有些搜索引擎提供"相关搜索"，这些功能对检索都会带来许多便利，在这里不一一介绍了。

现在出现了许多专门用于网上搜索的工具软件，它们集成了许多搜索引擎，用户可以同时使用多个搜索引擎进行查询，软件会综合搜索引擎返回的信息，经过汇总、优化后将搜索结果显示出来。

综合性的搜索引擎收录各方面、各学科、各行业的信息。而专题性的搜索引擎则是为了专门收录某一行业、某一主题和某一地区的信息而建立的，非常实用，如有商务查询、企业查询、人名查询、电子邮件地址查询和专业信息查询等等。

4.4   使用电子邮件

4.4.1   电子邮件（E-mail）概述

E-mail 自从诞生之日起就成为因特网最受欢迎的服务之一。人们利用电子邮件在因特网上快速、方便、高效地传递信息。

E-mail 的生命力异常旺盛，使用它的人数最多，众多的大大小小的免费信箱，可以发送信件，发送贺卡，发送传真，甚至用来订阅电子刊物，下载软件。用熟用好 E-mail 是因特网网上冲浪的基本技能之一。

4.4.2   用 WWW 收发 E-mail

1. 常见的免费电子信箱

现在在网上提供免费信箱服务的已经数不胜数了，通常免费信箱所提供的空间大都为 2～100M。下面为读者介绍一些大容量的免费信箱。

（1）市民信箱（www.smmail.cn）。"市民信箱"是上海市政府 2004 年"实事项目"之一。那么市府为什么要将小小的电子邮件信箱作为重大工程来抓呢？一方面，改善帐单投送渠道，更好地为百姓服务；另一方面，也是政府信息公开的需要。今后，电子商务可能会像逛商场一样普及起来，那时，代表一个人真实身份的电子邮件帐户就显得十分必要了。

上海市"市民信箱"是为广大市民服务的。只要符合申请条件的市民，都可以自愿申请、免费开通一个 20M（20 兆）空间的电子邮件信箱。通过这个渠道，市民除了可以收发电子邮件外，还可以自己申订并接收各种与切身需要相关的有用信息。

（2）搜狐网（http://www.sohu.com）。搜狐网推出的免费"搜狐闪电"信箱大小为 2G。只要在搜狐网上申请成为搜狐会员，即可获得 2G 的免费电子信箱。它支持 POP3、邮件转发、邮件拒收条件设定等。免费信箱收信服务器（POP3）：pop3.sohu.com，免费信箱发信服务器（SMTP）：smtp.sohu.com。

（3）雅虎信箱（http://www.yahoo.com.cn）。雅虎原来推出的免费信箱为大小是 3.5G，这可能是目前最大的免费邮箱了。

免费信箱较适于在公共机房，如学校、网吧上网的人，这样可以保证自由收发个人信件；还适合于经常变换 ISP 的人，更换 ISP 后，信箱地址就要更换，还不如一劳永逸的免费信箱好。怪不得人们称之为"永久信箱"呢！

这里所谓的支持 POP3 收信、SMTP 发信，是说除了可以通过浏览器收发电子邮件外，还可以通过专门的电子邮件收发工具（如 Outlook Express，Foxmail 等）收发电子邮件。

2. 申请一个免费电子信箱

因特网上的免费电子信箱很多，而且不再像最初的 hotmail 提供的是全英文界面，让英语不佳的人使用起来很不方便。国内网站提供的免费信箱都是中文的，这大大方便了广大网民。下面介绍如何申请上海市的"市民信箱"。

（1）开始申请。拨号连上因特网，在地址栏输入 www.smmail.cn，进入市民信箱主页，如图 4-4-1 所示。

图 4-4-1   市民信箱主页

单击【用户注册】链接（见图 4-4-1 中标注所示），进入图 4-4-2 所示页面。

图 4-4-2   市民信箱帐户使用须知

（2）接受"用户使用条款"。浏览用户条款后，选择【同意】按钮，进入"注册类型选择"页面，如图 4-4-3 所示。

图 4-4-3　"注册类型选择"页面

（3）选择注册类型。根据你的实际情况选择：

① 申请成为实名用户（必须去过受理点，获取了流水号及口令）。

② 申请成为普通用户（必须有社保卡）。

③ 快速注册通道（未去过受理点办理实名制帐户）。

然后单击【下一步】按钮，进入"填写用户信息"页面，如图 4-4-4 或图 4-4-5 所示。

（4）填写用户信息：

① 如果选择申请普通用户则在图 4-4-4A 上按社保卡上信息正确填写"真实姓名"、"性别"、"身份证号"、"社保卡号"以及"社保卡有效期限"等内容，然后单击【下一步】按钮进入图 4-4-4B。

在图 4-4-4B 的"用户名"输入框中按提示输入准备使用的用户名（不包括"@"和"@"以后的所有内容）。可当场按【检测用户名】，检测所填写的用户名是否已经给别人注册了，如果该名不符合规范或已经被其他人注册了，只能重新填写一个用户名。

然后填入"口令"和"重复口令"，该两个内容应相同，主要是验证输入的是不是自己确认的口令。

最后输入"提问"和"回答"内容，该两项内容主要是在忘记口令后，索回口令时使用。单击【下一步】按钮，完成申请，并出现"注册成功"页面。

这表明所申请的市民信箱已经建立，也就是真正拥有了一个名为"XXXX@smmail.cn"的电子信箱，可以直接在网上通过 E-mail 软件进行收发邮件，阅读邮件了。

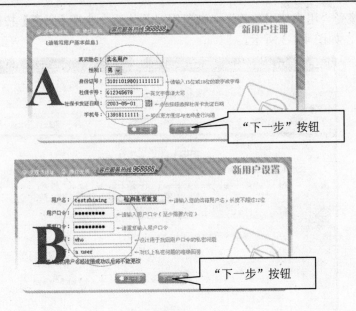

图 4-4-4　普通用户页面

② 如果选择快速注册通道，则在图 4-4-5 上按提示输入用户信息，单击【提交注册】按钮后结束注册。

其他的免费邮箱的申请过程在细节上不尽相同，但总体上大同小异，在此不一一介绍，读者不妨到 www.sohu.com 或 www.yahoo.com.cn 上尝试申请一个免费信箱。

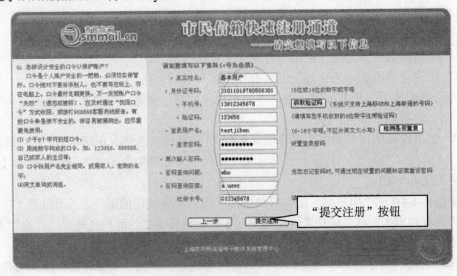

图 4-4-5　快速通道页面

3. 使用免费电子信箱收发电子邮件

免费电子信箱申请好了以后，收发一次电子邮件（为了检查效果，通常是自己给自己发一封），看看信箱是不是遂人心意。

图 4-4-6　用户登录前　　　　　　　　　图 4-4-7　用户登录后

（1）用户登录。进入市民信箱主页（www.smmail.cn）（见图 4-4-6），在"用户名"文本框中输入免费信箱的用户名（不包括"@"和"@"以后的所有内容），在"口令"文本框中输入口令，然后单击【登录】按钮，进入免费信箱，如图 4-4-7 所示。

（2）进入信箱。用户登录后，你可以选择多项功能，这里你选择【我的邮件】按钮，进入个人邮箱进行邮件收发、阅读等管理，如图 4-4-8 所示。

图 4-4-8　进入免费信箱

　　其中收件箱用于存放用户收到的电子邮件；发件箱用于存放用户等待发送的电子邮件；垃圾箱用于存放用户已经删除的电子邮件；草稿箱用于存放用户尚未写完的电子邮件。

　　（3）接收电子邮件。如图 4-4-8 所示，单击【收件箱】链接，即可打开收件箱，收看电子邮件。

　　在图 4-4-8 所示页面中，以列表的形式按照收到的时间顺序排列显示用户收到的电子邮件，并分别列出发件人、邮件主题和寄送的时间。单击【主题】的链接，即可查看用户收到的电子邮件内容，如图 4-4-9 所示。

　　如果用户收到的邮件部分是以附件的形式发送的，如图 4-4-10 中黑圈所示，单击相应的附件链接，即可以在网页中打开查看。用户也可以单击【附件】下拉列表，选择附件中的文件，单击【保存或打开】，在弹出的对话框（见图 4-4-11）中选择【打开】或【保存】按钮来打开或保存附件文件。

图 4-4-9　查看用户收到的电子邮件内容

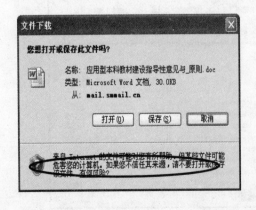

图 4-4-10　附件

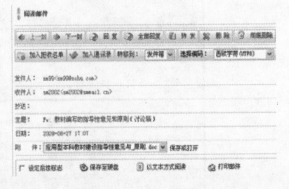

图 4-4-11　"文件下载"对话框

（4）撰写、发送电子邮件以及以附件形式发送邮件：

① 撰写电子邮件。进入免费电子信箱后，单击页面左侧【撰写邮件】链接，将打开撰写电子邮件网页，如图 4-4-12 所示。

图 4-4-12　撰写电子邮件网页

在"收件人"文本框中输入收件人的电子邮件地址，如有多个收件人，中间可用逗号或分号隔开。

在"抄送"文本框中输入抄送人的电子邮件地址，同收件人地址一样，如有多个收件人，中间可用逗号或分号隔开。

在"主题"文本框中输入该邮件的主题，这样有助于收件人阅读和电子邮件分类。

用鼠标单击相应文本输入框，当出现光标时就可以输入文本了。

在正文编辑文本框中输入邮件正文，就像平时写信一样。在邮件中应包含对方的称呼、写信的主要事由，最后是签名。如果信件内容较长，用户可以先在计算机上编辑好，然后复制并粘贴到正文编辑文本框中，也可以附件的形式发送。

② 粘贴邮件附件。电子邮件除了可以用来传递文本信息外，还可以附件的形式发送编辑好的文本或是其他类型的信息，比如声音文件、图像文件，甚至是可执行文件。

在撰写邮件网页中单击【粘贴附件】按钮，将出现如图 4-4-13 所示的"粘贴附件"对话框。

● 点击【浏览】按钮，在"选择文件"对话框中找到所要粘贴的附属文件，单击【打开】按钮。

● 选定一个文件后，点击【粘贴】按钮，将该文件上传到服务器。

● 如有多个附件要粘贴，重复上述两步骤。

● 选中所需粘贴的附件，点击【确定】按钮即可返回原来的信件编辑网页。

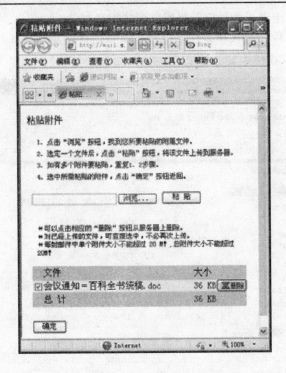

图 4-4-13　添加附件

如图 4-4-14 所示，插入附件后，在撰写邮件网页的"附件"下拉列表框中列出了当前所附加的附件名称及大小。

图 4-4-14　添加附件后的信件

③ 发送电子邮件。邮件编辑完毕后，检查一下收件人的电子邮件地址是否正确，以及邮件内容是不是还有写错的地方。检查完毕后，单击【发送】按钮，即可将编辑好的电子邮件发送出去。

（5）删除邮件。对不再需要的邮件可以删除掉，这样可以腾出收件箱的空间大小，删除邮件的方法有两种。一种是在收件箱页面（见图 4-4-8 中），选择要删除邮件前面的复选框（可同时选择多个），然后单击【删除】或【彻底删除】按钮；另一种是在"查看用户收到的电子邮件内容"页面（见图 4-4-9），单击【删除】或【彻底删除】按钮，删除当前查看的邮件。

选择【删除】按钮将使邮件转移到"垃圾箱"（需要时，可以"捡"回来），而选择【彻底删除】按钮则将邮件永久删除。

各个免费邮箱的收发页面不尽相同，但总体上大同小异，这里不一一介绍了。有兴趣的读者不妨到 www.sohu.com 或 www.yahoo.com.cn 上尝试收发邮件。

4.4.3　用 Outlook Express 收发 E-mail

Microsoft Outlook Express 是微软集成在 IE 里的一个收发邮件的软件，随着 IE 的流行，Outlook Express 已经成为使用最广泛的电子邮件收发软件之一。Outlook Express 还将新闻组功能与电子邮件功能集成在一个系统中。借助于这个软件，可以与朋友交换电子邮件并可加入许多新闻组。

1. 用 "Internet 连接向导" 输入 E-mail 帐号信息

如果在还没有输入过自己的 E-mail 帐号信息的情况下，第一次启动 Outlook Express 时，系统会进入 "Internet 连接向导"，指引输入 E-mail 帐号信息，如图 4-4-15 所示。

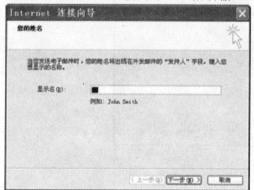 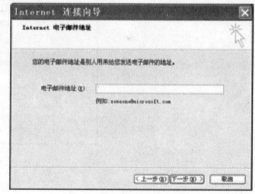

　图 4-4-15　"Internet 连接向导"对话框　　　　图 4-4-16　"Internet 电子邮件地址"对话框

（1）在"显示名"文本框输入帐号别名，如"张珂维"，单击【下一步】，进入"Internet 电子邮件地址"对话框，如图 4-4-16 所示。

（2）在"电子邮件地址"文本框输入实际 E-mail 地址，如"delphiline@sohu.com"，单击【下一步】按钮，进入"电子邮件服务器名"对话框，如图 4-4-17 所示。

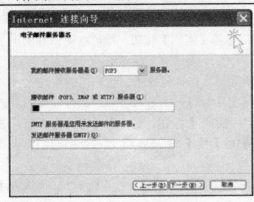 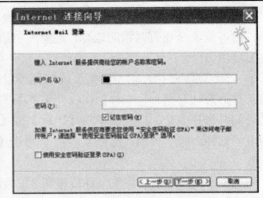

图 4-4-17 "电子邮件服务器名"对话框　　　　图 4-4-18 "Internet Mail 登录"

（3）这个对话框中的内容由向提供邮箱的服务商提供，在下拉列表中选择服务器类型，大多数是 POP3，在"接收邮件服务器"文本框中输入接收服务器名，如"pop3.sohu.com"，在"发送邮件服务器"文本框中输入接收服务器名，如："smtp.sohu.com"，单击【下一步】按钮，进入"Internet Mail 登录"对话框，如图 4-4-18 所示。

（4）在"用户名"文本框输入帐号用户名，如 delphiline，在"密码"文本框输入密码。单击【下一步】按钮，进入"成功"对话框（见图 4-4-19）。单击【完成】按钮结束信息输入。

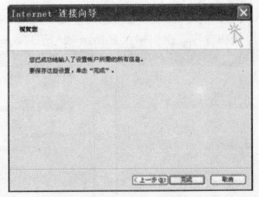

图 4-4-19 "成功"对话框

2. 启动 Outlook Express

启动 Outlook Express 之前，假设用户已经与因特网建立了连接，并拥有自己的电子邮件帐号，且已在"连接向导"中正确地输入了相应的信息。

启动 Outlook Express 的基本方法是：单击【开始】按钮，单击【所有程序】，单击【Outlook Express】。如果桌面上有"Outlook Express"图标，也可以直接双击该图标，启动 Outlook Express。

启动 Outlook Express 后，首先出现 Outlook Express 的启动画面，然后 Outlook Express 会通过用户设置的与因特网的连接自动进行拨号，登录到邮件服务器，检查并取回用户的电子邮件。电子邮件检查完成后，就会出现 Outlook Express 的窗口界面，如图 4-4-20 所示。

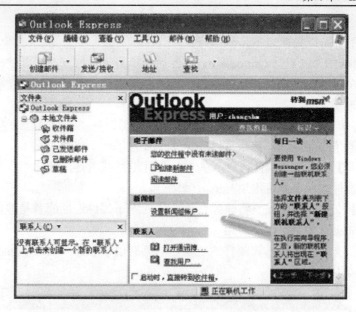

图 4-4-20　Outlook Express 的窗口界面

Outlook Express 的窗口除了用户熟悉的标题栏、菜单栏和工具栏外，还有以下几个部分：

① 文件夹栏：Outlook Express 当前正在显示的文件夹名称。

② 文件夹列表：以树形目录的方式列出 Outlook Express 中所有的文件夹。

③ 联系人栏：给出通讯簿中联系人名单。

④ 用户区：显示当前文件夹中的内容。

⑤ 状态栏：显示状态信息。

单击【收件箱】文件夹可以将其打开，用户区将会变成如图 4-4-21 所示。在邮件列表窗格中列出了当前邮件夹中的所有文件的发件人及主题等信息，在邮件预览窗格中可以预览邮件。

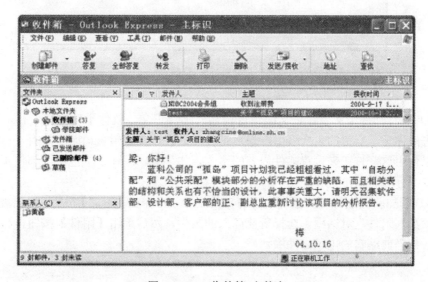

图 4-4-21　"收件箱"文件夹

3. 撰写电子邮件

撰写电子邮件可以按照以下步骤进行：

（1）创建新邮件。启动 Outlook Express 后，单击工具栏上的【创建邮件】按钮，出现图 4-4-22 所示的"新邮件"窗口。在此窗口中可以创建自己的新邮件，该窗口标题随邮件主题内容的改变而改变。

（2）填写邮件头。如果用户设置了多个邮件帐号，在"发件人"下拉列表中列出了用户即发件人的电子邮件地址，那么可以在这里选择使用一个帐号。

在【收件人】文本框中输入收件人的电子邮件地址或者是地址簿中代表该邮件地址的人名，如有多个收件人，中间可用逗号或分号隔开。

在【抄送】文本框中输入要将该邮件抄送到的电子邮件地址或者是地址簿中代表该邮件地址的人名，如果有多个，中间可用逗号或分号隔开。

在"主题"文本框中输入该邮件的主题，这样有助于收件人阅读和分类电子邮件。邮件头的填写如图 4-4-22 所示。

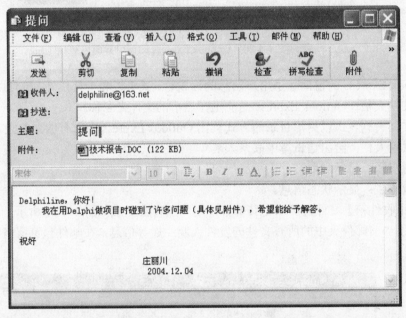

图 4-4-22 "新邮件"窗口、填写的邮件头、书写邮件正文

（3）书写邮件正文。在正文编辑窗口输入邮件正文，就像平时写信一样。在邮件中应包含对方的称呼、写信的主要事由，最后是签名。在正文编辑窗口区上边有一行工具按钮，用户可以使用这些按钮来设置邮件内容的格式，如字号、字体、颜色等，邮件正文的书写如图 4-4-22 所示。

（4）发送邮件附件。在"新邮件"窗口的工具栏中单击【附加】按钮，将出现如图 4-4-23 所示的"插入附件"对话框，选择所要插入的附件，然后单击【附件】按钮，将该文件当作附件插入到当前编辑的电子邮件中。

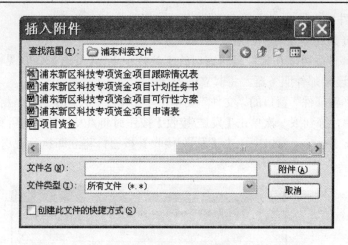

图 4-4-23　"插入附件"对话框

插入附件后，在撰写邮件窗口的邮件头中将会增加一行"附件"文本框，该文本框中列出了当前所附加的附件名称及大小，如图 4-4-22 所示。

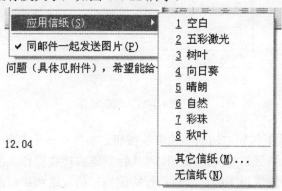

图 4-4-24　选择合适的信纸类型

（5）选择合适的信纸。不同的信件可使用不同的信纸，比如写公函应该使用简单的信纸，给朋友写信则可以用有美丽背景的信纸。在 Outlook Express 中撰写电子邮件可以使用五彩缤纷的信纸。

在"新邮件"窗口中单击"格式"菜单，在弹出的菜单中选择【应用信纸】选项，出现如图 4-4-24 所示的下拉菜单。在菜单中选择合适的信纸类型并单击，在随后的新邮件窗口中就会使用相应的信纸。

（6）保存未写完的邮件。在"新邮件"窗口中单击"文件"菜单中的【保存】选项，即可将当前正在撰写的邮件保存到"草稿"文件夹中。然后可以关闭新邮件编辑窗口，甚至可以关闭 Outlook Express 窗口或关机。

当要继续撰写尚未完成的电子邮件时，启动 Outlook Express，单击文件夹栏中的"草稿"文件夹，然后在邮件列表窗格中双击欲继续撰写的邮件，即可在出现的邮件编辑窗口中继续编辑。

4. 发送邮件

发送邮件分为立即发送和以后发送两种方式。

写完一封邮件后可以在邮件编辑窗口的工具栏中单击【发送】按钮（见图 4-4-25），Outlook Express 会自动连接邮件服务器，将其立即发送。

还可以在"新邮件"窗口的"文件"菜单中单击【以后发送】选项，将电子邮件放在"发件箱"文件夹中，等到下一次单击【发送/接收】按钮时将"发件箱"中所有的邮件一次发送。

在 Outlook Express 窗口中单击【发送/接收】按钮，将立即执行发送和接收电子邮件的任务。

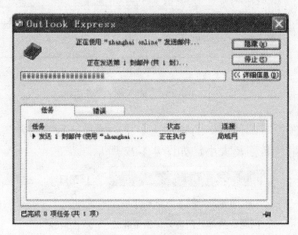

图 4-4-25　发送邮件

单击【发送/接收】按钮右边的三角箭头按钮，将弹出一个菜单，如图 4-4-26 所示。
单击弹出菜单分隔线以上的选项，即可执行发送或接收操作。
单击弹出菜单分隔线以下的选项将执行特定帐号的发送和接收操作。

图 4-4-26　"发送/接收"按钮的弹出菜单

5. 电子邮件的回复与转发

针对收到的电子邮件写回信可使用 Outlook Express 中的回复功能。在邮件列表窗格中选中需要回复的邮件，然后单击工具栏中的【答复】按钮，则会出现新邮件撰写窗口，其中包含来信的文字内容，在这上面撰写回复正文，然后单击工具栏中的【发送】按钮，即完成回复信件了。

　　用户可以使用转发功能，将信转发给他人。在邮件列表窗口中选择需要转发的邮件，然后单击工具栏中的【转发】按钮。在出现的转发窗口中键入每一位收件人的电子邮件地址，键入邮件内容，然后单击工具栏上的【发送】按钮。

　　6. 接收电子邮件

　　如果把电子邮件的收件服务器对应于接收信件的邮局，电子邮件的收件箱对应于日常生活中的信箱的话，电子邮件系统跟日常的邮政系统仍有一点区别，这就是其他用户发来的电子邮件并不是直接送到用户的收件箱里，而是保存在电子邮件的收件服务器中。打个比方，就是别人发来的信件只投递到接收信件的邮局，收信人必须自己到邮局去取回自己的信件。

　　在"Internet 连接向导"中正确设置了电子邮件的收件服务器后，就可以使用 Outlook Express 接收电子邮件了。

　　通常 Outlook Express 启动后会自动连接到邮件接收服务器，并将用户的邮件取回。如果启动 Outlook Express 后想看一看邮件接收服务器上有没有自己的电子邮件，可以如下操作：

　　打开"工具"菜单，选择"发送与接收"选项，单击【接收全部邮件】命令，即可与服务器建立连接，如图 4-4-27 所示。

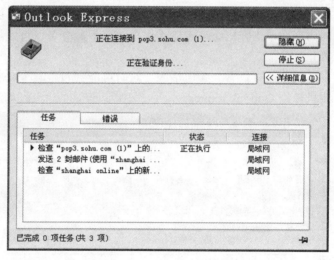

图 4-4-27　接收全部邮件

　　如果在建立帐户时没有将用户名或密码信息输全，那么建立连接后，会弹出"登录"对话框，提示用户输入登录信息，即用户名和密码。通常用户在设置时，只输入了用户名，没有输入密码，这时用户名是默认的，而输入登录信息只需在"登录"对话框输入密码。

　　当检测到新邮件时，即开始下载所有新邮件，如图 4-4-28 所示。

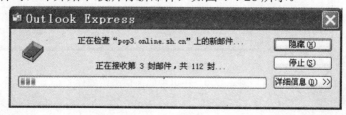

图 4-4-28　开始下载所有新邮件

Outlook Express 还提供了按照一定的时间间隔自动接收邮件的功能,具体设置方法如下:

单击"工具"菜单中的【选项】命令,弹出"选项"对话框。选中"常规"选项卡,在"发送/接收邮件"栏中选中【每隔"　"分钟检查一次新邮件】复选框,在调节框中设置检查邮件的时间间隔。这样,Outlook Express 将按用户设定的时间间隔,自动检测有无新邮件到达,若有,则将其接收。

7. 阅读电子邮件

在接收到新邮件后,单击 Outlook Express 窗口中"收件箱"文件夹。在邮件列表窗格中单击想要阅读的邮件,就可以在下面的邮件预览窗格中阅读该邮件。

在邮件列表窗格中双击想要阅读的邮件,将打开单独的窗口浏览该邮件,如图 4-4-29 所示。

一封电子邮件一般分为两部分:邮件头和邮件体。邮件头可以说是信封,含有发件人,收件人的地址以及信件的主题等;邮件体则是邮件的正文。

如果收到的是带有附件的电子邮件,则在 Outlook Express 的邮件列表窗格的附件列会看到有一个"回形针"图标,表明该邮件带有附件。在邮件预览窗格的标题栏左端也会看到一个"回形针"图标。单击该图标即弹出一个菜单,从中选择查看附件的内容附件的文件名选项可以查看附件的内容。单击弹出菜单中的【保存邮件】命令可以将该附件保存到本地计算机的硬盘中。

如果 ISP 按小时收费或者只有一条电话线,这时可能会希望减少联机的时间。这样的情况下,比较适于脱机使用 Outlook Express。

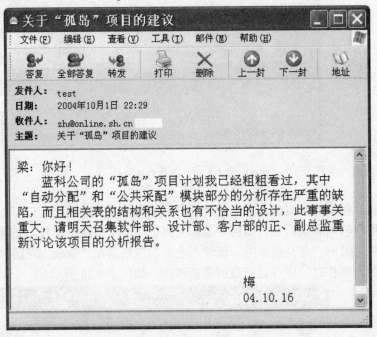

图 4-4-29　在单独的窗口浏览邮件

　　按以下方法设置 Outlook Express，可使其在完成了发送和接收任务后即自动挂断。之后就可以脱机阅读或撰写邮件，而不必支付网络费用或占用电话线了。

　　单击"工具"菜单中的"选项"命令，然后在"连接"选项卡中选择【完成发送和接收后挂断】复选框即可。

　　脱机工作时，Outlook Express 会将邮件下载到本地计算机上。当重新选择联机工作时，Outlook Express 将永久删除那些标志为删除的邮件、发送发件箱中的邮件，并完成脱机时进行的所有操作。

　　8. 将发件人添加到通讯簿

　　收到电子邮件后，可以将发件人的名称和电子邮件地址添加到通讯簿中。从 Outlook Express 将对方添加到通讯簿中的方法如下。

　　打开收件箱，用鼠标右键单击发件人的姓名或 E-mail 地址，然后单击【把发件人添加到通讯簿】命令。

　　也可以将回复邮件的收件人自动添加到用户的通讯簿中。在 Outlook Express 中，单击"工具"菜单上的【选项】命令，在"发送"选项卡上将【自动将我的回复对象添加到通讯簿】复选框选中即可，如图 4-4-30 所示。

　　在工具栏上单击【地址】按钮，可以打开"通讯簿"窗口，使用通讯簿来存储电子邮件地址、家庭和单位地址、电话和传真号码、数字标识、会议信息、即时消息地址，以及个人信息如生日、周年纪念日和家庭成员等。还可以存储个人和公司的因特网地址，并且可以直接从通讯簿链接到这些地址。通讯簿提供了存储联系人信息的方便之所。

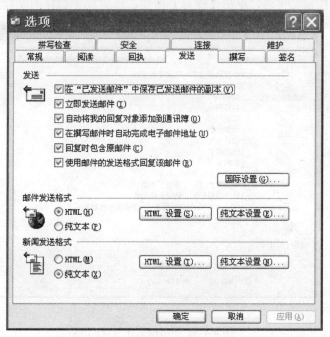

图 4-4-30　"发送"选项卡

9. 删除或恢复电子邮件

在邮件列表中，选择要删除的邮件，单击工具栏上的【删除】按钮，邮件被转移到"已删除邮件"文件夹。其实这些邮件并没有被真正删除，要彻底删除邮件，还要将"已删除邮件"文件夹里的邮件再次删除，如图 4-4-31 所示。在出现的询问框中单击【是】按钮，才能永久地（不可恢复）删除这些邮件。

图 4-4-31　彻底删除邮件

要恢复已删除的本地邮件，请打开"已删除邮件"文件夹，然后将邮件复制或拖放到收件箱或其他文件夹中即可。

10. 保存电子邮件

有时候我们希望对邮件进行单独保存，可在邮件列表中选择要保存的邮件，单击"文件"菜单的【另存为】菜单项，出现"邮件另存为"对话框（见图 4-4-32），在对话框中选择指定文件夹，输入指定文件名，单击【保存】按钮，即完成了邮件的保存。

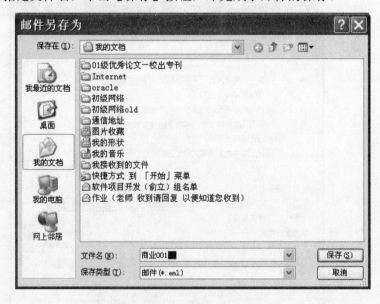

图 4-4-32　"邮件另存为"对话框

11. 将电子邮件移动或复制到其他文件夹

最简单的办法是直接将邮件拖放到目的文件夹里，就是用鼠标左键按住要移动的文件，然后将该文件拖到目的文件夹，等目的文件夹变蓝后（反色显示）放开鼠标，邮件就移动到新位置了。或者在邮件列表窗口中，用鼠标右键单击要移动或复制的邮件，单击【移动到文件夹】或者【复制到文件夹】选项，然后在弹出的"移动"或"复制"对话框中选择目的文件夹，选择要移动到的文件夹。

12. 多用户设置

如果你和你的家人、朋友共用一台电脑收发电子邮件，那么现在可以通过创建多个标识，来实现每个人在 Outlook Express 中都拥有独立的信箱、邮件、联系人和个人设置。而且标识创建后，还可以根据需要为每个标识设置密码以保护个人信箱的安全，同时可以在断开因特网连接的情况下通过菜单"文件"／【切换标识】，方便地在各标识之间进行切换。标识的创建可以通过"文件"菜单"标识"子菜单中的【添加新标识】或【管理标识】命令来实现。具体操作步骤如下。

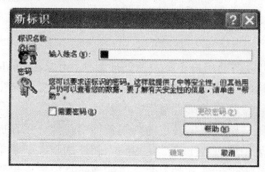
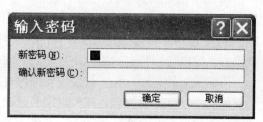

图 4-4-33　添加新标识　　　　　　　　图 4-4-34　"输入密码"对话框

（1）打开"文件"菜单，选择"标识"子菜单中的【添加新标识】命令，如图 4-4-33 所示。

（2）在"新标识"对话框中的"输入姓名"文本框中输入新建标识的姓名，然后单击【确定】按钮。

（3）若在"新标识"对话框中选中"需要密码"复选框，这时会弹出"输入密码"对话框，如图 4-4-34 所示。在【新密码】与【确认新密码】文本框中输入密码，然后单击【确定】按钮。这时建立的标识就被密码保护了，切换时只有输入正确的密码才能进入。

（4）建立完新标识后，这时 Outlook Express 会询问是否切换到新建的标识上去，如图 4-4-35 所示。单击【是】按钮，将切换到新建的标识，这时将启动"Internet 连接向导"，以建立新的因特网帐户。

（5）建立多个标识以后，使用"工具"菜单中【切换标识】命令可以方便地在各标识之间进行切换。对于建立密码保护的标识，切换时只有输入正确的密码才能进入，如图 4-4-36 所示。

图 4-4-35　询问对话框　　　　　图 4-4-36　输入正确的密码

13. 邮件自动分拣及垃圾邮件过滤

当接收到大量邮件时，Outlook Express 可以帮助用户更有效地处理邮件。可以在 Outlook Express 中使用邮件分拣及过滤规则，从而将接收到的邮件自动分类并放入不同的文件夹中以及以彩色突出显示特定的邮件、自动回复或转发特定的邮件等等。

所谓的邮件自动分拣，就是设置邮件规则，然后根据设定的规则条件将邮件分别存放在不同的目录里以方便管理。邮件规则的创建可以通过"工具"菜单→"邮件规则"子菜单→【邮件】命令，或者通过"邮件"菜单→【从邮件创建规则】命令来实现。具体操作步骤如下：

（1）在"工具"菜单中指向"邮件规则"选项，然后单击【邮件】命令。

（2）弹出如图 4-4-37 所示的 "新建邮件规则"对话框，在"选择规则条件"栏中选中需要的复选框以确定规则条件（至少选择一个条件）。可以单击多个复选框来为一个规则指定多个条件。如果选择了多个条件，在"规则说明"栏中单击【和】超级链接，在弹出的对话框中指定是必须满足所有条件（和）还是至少满足一个条件（或），如图 4-4-38 所示。

（3）在"选择规则操作"栏中选择所需的复选框，以确定规则所相应的操作，如移动到指定文件夹，发送给其他用户，或者是删除（至少选择一个条件）。

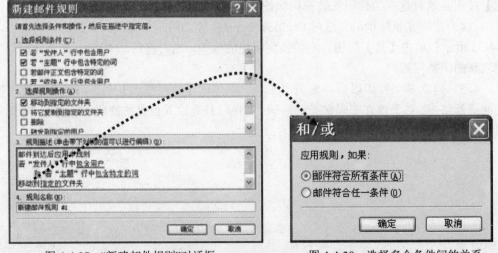

图 4-4-37　"新建邮件规则"对话框　　　　图 4-4-38　选择多个条件间的关系

（4）在"规则描述"栏中单击带下划线的超级链接，以指定规则的条件或操作。如在规则描述部分中单击【包含用户】或【包含特定的词】超链接，在弹出的对话框中指定 Outlook Express 在邮件中查找的人或词（见图 4-4-39），然后单击【确定】按钮，指定关键词，规则描述栏就变成具体的描述，如图 4-4-40 所示。

（5）在"规则名称"栏中键入规则的新名称，然后单击【确定】按钮。

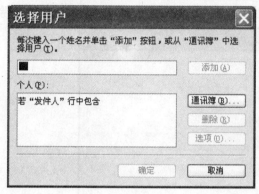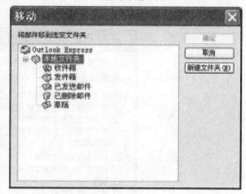

图 4-4-39 指定关键词

以下是一个简单的设置实例：

（1）创建一个新的文件夹，名为"学院邮件"。

（2）选定相应的电子邮件，单击"邮件"菜单中的【从邮件创建规则】命令，就会自动设定规则条件（若"发件人"行中包含'cajiang@it.sspu.cn'），如图 4-4-41 所示。

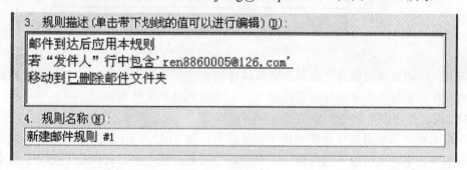

图 4-4-40 设定规则条件

（3）然后选择规则操作，在"选择规则操作"栏中选择【移动到指定文件夹】复选框，在"规则说明"栏中单击带下划线的【指定的】超链接（见图 4-4-41），在弹出的对话框中指定文件夹——"学院邮件"。

经过以上的设置，今后凡是来自'cajiang@it.sspu.cn'的邮件都将直接移动到"学院邮件"子文件夹内。

随着因特网商业性的增强，许多商业活动都转移到了互联网上，各种各样的宣传资料就在网上乱飞了。拥有电子信箱的用户都会或多或少地收到过这种邮件。这种不需要但却要用户费时费力将其删除的邮件，称为垃圾邮件。比较正规的公司，在冒昧地给你发送第一封邮件时多少觉得有些不礼貌，通常会在信中首先给你道歉，然后说明"如果你对此类信件不感兴趣，可以给某某地址发一封退订信即可"。对于这类颇有"人情味"的垃圾邮件，按照地址发一封退订信即可。而某些垃圾邮件是"强买强卖"性质的，它根本没有给你提供退订地址，而且你给它回信要求退订，它也不予理睬。对付这种顽固的、不讲道理的垃圾邮件，只有在邮件软件上进行相应的设置，利用电子邮件软件所提供的过滤功能进行拒收。垃圾邮件的过滤同样也是通过对邮件规则的操作来实现的，只不过规则操作改为"从服务器上删除"。

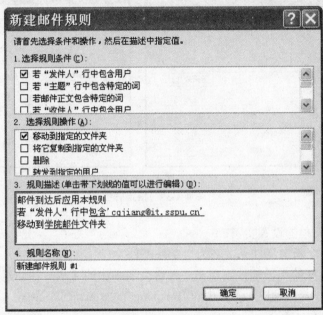

图 4-4-41　指定文件夹

而且，还可以通过操作"邮件"菜单→【阻止发件人】阻止来自某个发件人的邮件。被阻止的发件人所发的电子邮件将直接进入"已删除邮件"文件夹。

14. 同时使用多个邮件帐号

网络上有许多站点提供免费的电子邮件服务，如 163.net 和 263.net。在这些站点上，只要填写申请表单，就可以迅速获得一个免费的电子邮件帐号并且提供基于 POP3 的电子邮件服务，如果申请了多个邮件帐号，了解如何在 Outlook Express 中使用和管理多个电子邮件帐号是很有必要的。

（1）添加邮件帐号。打开"工具"菜单，选择【帐号】命令，弹出"Internet 帐号"对话框，如图 4-4-42 所示。

在"邮件"选项卡中列出了目前用户所有的电子邮件帐号。

在"Internet 帐号"对话框中单击【添加】按钮，然后在弹出的菜单中单击【邮件】选项，这时出现"Internet 连接向导"，按照对话框的提示输入相应的电子邮件帐号信息，详见本节"1. 用"Internet 连接向导"输入 E-mail 帐号信息"部分，最后单击【确定】按钮，即可建立一个新的电子邮件帐号。

（2）设置默认邮件帐号。当在 Outlook Express 中建立了多个邮件帐号时，总会有一个默认的邮件帐号。通常情况下，每次建立新邮件时，Outlook Express 都自动使用默认的邮件帐号作为发送邮件的帐号。

在"Internet 帐号"对话框的"邮件"选项卡中，单击要设为默认帐号的电子邮件帐号，然后单击右侧的【设为默认值】按钮，即可将该帐号设为默认的电子邮件帐号。

如果不想使用默认帐号发送信件，则可以在创建新邮件窗口中单击"发件人"下拉式列表框。该列表框中列出了当前所有的电子邮件帐号，从中选择发送该邮件所使用的帐号即可。

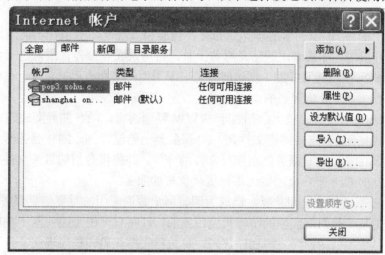

图 4-4-42   "Internet 帐号"对话框

单击 Outlook Express 窗口中的【发送/接收】按钮将会对当前设置的所有电子邮件帐号执行发送的接收动作。如果只希望对某个特定的电子邮件帐号进行发送和接收操作，可以单击【发送/接收】右侧的三角箭头按钮，单击弹出的菜单中分隔线以下的某一具体的邮件帐号，将立即发送和接收该帐号下的所有邮件。

通过重复添加邮件帐号的方式来设置多帐号，极大地方便了拥有多个邮件信箱的用户。但是因特网上有许多站点只提供基于 Web 页的电子邮件，如 yahoo.com，hotmail.com，use.net，而在 Outlook Express 中所能使用和管理的仅是基于 POP3 协议的电子邮件服务。所以要注意手中的免费信箱是不是都基于 POP3 协议的。另外，如果已不再使用某个帐号，记着将该帐号删除，或者将该帐号属性设置中的【接收邮件或同步时包含此帐号】选框清空，以免影响整个收发邮件的进程。

4.5   因特网的其他应用

4.5.1   下载文件

除了 WWW 浏览和收发电子邮件，上网最常做的事便是下载文件了。这些下载文件包括最新的软件、文档、数据等。

在实际工作和学习中，FTP 方式是从因特网上下载网络资源的一种重要方法，首先对 FTP 进行简要地介绍，然后说明用 IE 及专用软件从 FTP 服务器下载文件的操作方法。

1. FTP

FTP 是英文 File Transfer Protocol 的缩写，意思是文件传输协议。它是在因特网上最早用于文件传输的一种通信协议，通常也把采用这种协议传输文件的应用软件称为 FTP 软件，而提供 FTP 文件传输服务的服务器就称为 FTP 服务器。

用户的本地计算机和远程的 FTP 服务器建立连接，通过合法的登录手续进入该远程计算机系统。这样，用户便可使用 FTP 提供的应用界面，以不同方式从远程计算机系统获取所需文件，或者从本地计算机向目标计算机发送文件。

因特网上的 FTP 文件服务器数量很多，内容极其广泛，对于在不同领域工作的人来说FTP 是一个开放的、非常有用的信息服务工具，可用来在全世界范围内进行信息交流，现在世界上有很多匿名 FTP 服务器（指访问者可以不用用户名和密码），对于这种服务器，任何用户都可以登录并获取所需要的文件，大大方便了用户的使用。

当然 FTP 也有自身的缺点，相对于 WWW 界面而言，FTP 的界面比较单调。要从 FTP服务器上下载文件，首先要知道文件在 FTP 服务器上的位置，而 FTP 服务器上的文件查找不太方便，因此就需要 FTP 服务器组织好文件的分类，并提供专门的目录文件和说明文件，一个组织得很好的 FTP 服务器才能为用户提供优质的服务。

FTP 经过不断的改进和发展，已成为因特网上普遍应用的重要信息服务工具之一，FTP的最初设计是从一般网络文件的传输角度出发的，现在它已用于因特网上获取远程主机的各类文件信息，包括公用程序、源程序代码、可执行程序代码、程序说明文件、研究报告、技术情报、科技论文、数据和图表等，从根本上说，FTP 的功能是在因特网上各种不同类型的计算机系统之间按 TCP/IP 协议传输各类文件。

FTP 服务器有两种：一种需要提供用户名和密码进行身份验证。只有通过了身份验证后才能够得到服务器所提供的服务；另一种是匿名 FTP 服务器，通常用户可以以 anonymous作为用户名，以自己的电子邮箱地址作为密码登录服务器来获得服务。但是这种用户权限通常是受限制的，一般只能下载，不能对服务器中的文件进行修改、删除等操作。

2. 在 IE 8.0 中使用 FTP

通过 IE 访问 FTP 服务器是目前通过 FTP 下载网络资源的主要方式。下面介绍如何在 IE8 中使用 FTP。

（1）打开 IE 8.0，在地址栏中输入用户要访问的 FTP 服务器的地址。

以上海交通大学的 FTP 服务器为例，输入 ftp://ftp.sjtu.edu.cn/，对于匿名访问的 FTP 服务器，这样即可登录服务器并开始选择下载文件了。如果用户要访问的 FTP 服务器需要身份验证，则系统会弹出"登录"对话框，告诉用户无法匿名登录到 FTP 服务器，要求输入用户名和密码。

用户正确输入相应的信息后，单击【登录】按钮，就可以进入 FTP 服务器了。如果用户不想每次都输入密码，可以选中【保存密码】复选框。如果用户不想采用对话框的方式登录，也可以直接在地址栏中一次输入用户名、密码及服务器地址，输入的格式为"ftp://用户名:密码及服务地址 / "，如 ftp://USER:USER@223.200.204.51 / 。

（2）进入 FTP 服务器后，将弹出如图 4-5-1 所示的服务器的文件信息。

图 4-5-1　FTP 服务器的文件信息

在 IE 8.0 中，在默认的情况下，FTP 文件夹的显示与用户本地的计算机中文件夹的显示是相同的，就和浏览本地文件夹一样。如果用户有相应的权限，可以对服务器上的文件进行修改、重命名、删除等操作。但是，用户不能将文件从服务器的一个地方复制或移动到服务器的另一个地方。

（3）对于一般用户，最常用的操作就是下载。要将文件从服务器下载到用户本地的计算机上，首先在要下载的文件或文件夹上单击鼠标右键，在弹出的快捷菜单中选择【目标另存为】选项。

（4）此时，在弹出的"另存为"对话框中选择下载文件存放的路径。

（5）单击【保存】按钮后，IE 8.0 开始下载文件夹，并打开下载进程对话框。下载完成后，该对话框将会自动关闭，文件保存在用户指定的文件夹中。

3. 使用专门的 FTP 软件

使用专门的 FTP 软件可以比使用 IE 更方便快捷地访问 FTP 服务器。

大多数 FTP 软件都将用户的本地计算机和远程 FTP 服务器的文件列表并排显示在一个窗口的两个列表框中，要在本地计算机和服务器之间传送文件，仅需要用鼠标拖动文件，或者单击几个按钮就可以了，比 IE 要方便得多。

FTP 软件大多对传输速率、已完成比例显示得非常清楚，有利于用户了解网络传输和下载的情况。

FTP 软件有"断点续传"等非常方便实用的功能。此外，使用 FTP 软件下载的速度比使用 IE 要快得多。常用的 FTP 软件有 FileZilla、SmartFTP、LeapFTP、Fresh FTP 等。

4. 用下载工具下载文件

下载工具软件是专门用来从网络中下载文件的工具软件，这种工具软件使用方便，功能的针对性较强，为了提高下载文件的速度，节约下载文件的时间，它们一般不具有浏览功能。

下载工具软件用多种手段来提高下载的速度，例如抢占线路资源，把一个文件分成几块，齐头并进地同时下载，等等。

下载工具软件很多，下面仅就其中有代表性的软件——"迅雷"进行介绍。

安装"迅雷"后，系统将在桌面上创建一个迅雷快捷图标，双击该图标即可启动"迅雷"，如图 4-5-2 所示。

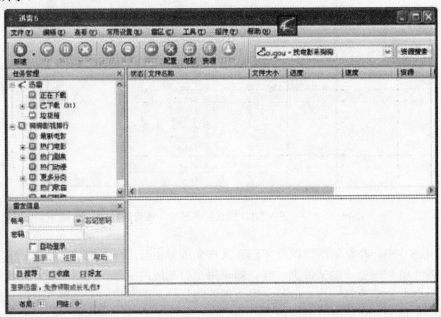

图 4-5-2   "迅雷"工作界面

（1）迅雷下载程序的基本参数设置。在使用迅雷下载程序前，应根据实际情况对程序参数进行适当的设置。首先依次选择"工具"的【配置】菜单项，系统将弹出如图 4-5-3 所示的"配置"对话框。

迅雷的配置内容很丰富，各配置页只要配置内容是：

① 常规：设置迅雷运行的默认行为，如开机是否默认启动迅雷及下载的缓冲区大小等。

② 类别/目录：设置下载文件所在的文件夹。

③ 任务默认属性：主要是设置下载进程数。

④ 连接：如图 4-5-3 所示，配置利用最大的网络环境。

⑤ 监视：配置监视浏览器及监视的文件类型。

⑥ 图形/日志：设置下载画面的风格、信息提示色彩。

⑦ 高级：设置自动策略的操作。

⑧ BT/端口设置：设置网络端口及 BT 任务。

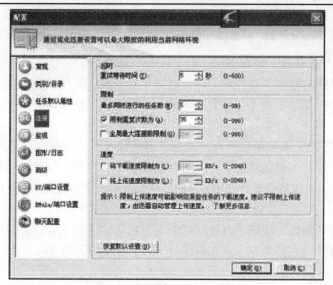

图 4-5-3　迅雷"配置"对话框

（2）使用"迅雷"下载程序。使用"迅雷"下载程序常用的方法是采用鼠标拖动或使用鼠标右键快捷菜单。其中，使用鼠标拖动法的操作步骤如下：

① 打开"迅雷"程序的主界面，然后依次选择"查看"中的【悬浮窗】菜单项，在屏幕的左上角显示可以随意拖动的"悬浮窗"活动图标，如图 4-5-4 所示。

② 回到网页中，将文件下载链接拖至"悬浮窗"活动图标上，如图 4-5-5 所示。释放鼠标后，即可弹出"建立新的下载任务"对话框。

③ 在该对话框中设置保存路径和文件名，然后单击【确定】按钮，即可开始执行下载任务，并在主界面中显示下载任务。

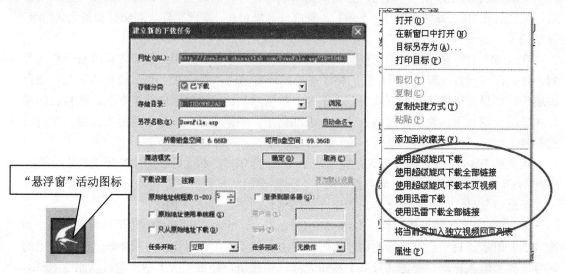

图 4-5-4　"悬浮窗"　　　　图 4-5-5　下载任务对话框　　　　图 4-5-6　快捷菜单

　　此外，在文件下载链接上单击鼠标右键，从弹出的快捷菜单中选择【使用迅雷下载】选项（见图 4-5-6），也可以打开"添加任务"对话框，进入下载主界面。

　　（3）暂停下载任务。迅雷支持"断点续传"功能，即可以从上一次断线处接着下载。因此，我们可以随时暂停下载任务，等以后再接着下载。具体操作方法为：在选择任务后，依次选择"文件"菜单中的【暂停】菜单项，若要继续下载，则可依次选择"文件"菜单中的【开始】菜单项。

　　（4）设置下载完成后系统执行的任务。通常情况下，下载文件都需要一定的时间。在这段时间内如果用户需要做其他工作，可以设置"自动挂断"与"自动关机"功能，即如果下载完成前断线，系统将会重新拨号；下载完成后，系统会自动关机。这些功能均可在"配置"对话框中设置。

　　除了迅雷外，旋风、电驴、网络蚂蚁等也是常用的下载工具，它们的功能、使用方式也大同小异，但有些网站需指定下载工具进行下载，所以你不得不备几种下载工具。

4.5.2　发布消息

　　BBS 即电子公告板系统，是 Bulletin Board System 的英文简称。BBS 与一般街头和校园内的公告栏性质相同，只不过 BBS 是通过电脑来获取资料、交流信息和寻求帮助而已。它实际上是在某台计算机中设置的一个公用信息存储区，任何合法用户都可以通过因特网在这个存储区存取信息。BBS 起到了电子信息的周转中心作用。

　　每个 BBS 站点都由站长负责管理。站长的职责是负责 BBS 站程序的修改、系统规划、站务解决、问题解答、站际交流、系统公告及审核帐号、版面等工作。

　　BBS 站点的每个讨论区设立一个或多个板主，板主的责任为：建立该版的精华区；删除不应在该版出现的文章；建立板内正常的讨论秩序；举行板内投票等相关事务。板主可以建立其相应讨论区的管理规则，经过站长讨论并同意批准后生效。

　　一般初次访问的用户，只允许免费浏览系统的内容。当浏览者正式注册而成为正式用户后，就拥有在 BBS 站里发帖子（Post）、发邮件（Mail）、发送文件（Send）和聊天（Chat）等权利了。

　　在 BBS 上发帖子类似于在校园或街头的布告栏上贴布告。用户的布告可能被无数人看到，并且得到回音。例如，用户发的帖子是要处理自己的二手 CPU，那么进行的将是一场讨价还价。如果希望结交一些喜欢游戏的朋友，就可以在游戏讨论区中发个布告，把自己的爱好和情况介绍一下，说不定过两天就会有人回信了。如果将自己不懂的问题提出来，常会得到答复。

　　国内的 BBS 主要有两种形式：完全基于 Web 的 BBS，和运行于 UNIX 下的终端仿真并实行 Web 扩展功能的 BBS。前者操作简单，只要会用浏览器就可以使用。

　　下面以复旦大学的日月光华站为例介绍如何使用浏览器访问 BBS。

　　（1）在浏览器地址栏中输入 http://bbs.fudan.sh.cn，然后按回车键，转至日月光华站，如图 4-5-7 所示。对于已经注册的用户，可以在主页的"您的代号"文本框中输入用户自己的帐号，然后输入密码，单击【登陆】按钮登陆。如果用户是第一次上站，也可以浏览 BBS，收集 BBS 上的资料。

图 4-5-7　日月光华站

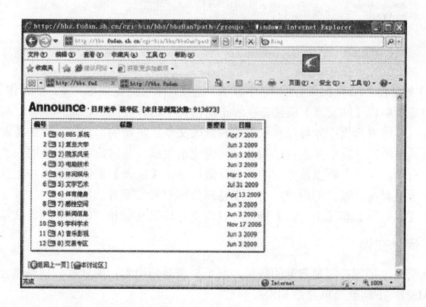

图 4-5-8　日月光华站主页

（2）BBS 日月光华站的主页左上方是 BBS 站台主菜单，进入"本站精华区"下的"讨论区精华"，按照讨论区的类别分为 BBS 系统、复旦大学、院系风采、电脑技术、休闲娱乐、文学艺术、体育健身、感性空间、新闻信息、学科学术、音乐影视、交易专区……等，如图 4-5-8 所示。

你可以进入你感兴趣的讨论区，若单击“电脑技术”选项单，将进入与电脑相关的讨论区，有关讨论分类和主题如图 4-5-9 所示，然后单击某一主题，如：“算法与数据结构”主题。

（3）这时浏览器显示的是”算法与数据结构”的主页面，如图 4-5-10 所示。在这里显示了讨论区中的文章列表的文章及分类文件夹。用户直接点击文章链接即可，也可以根据分类点击相关文件夹，再在文件夹中找到你感兴趣的文章。

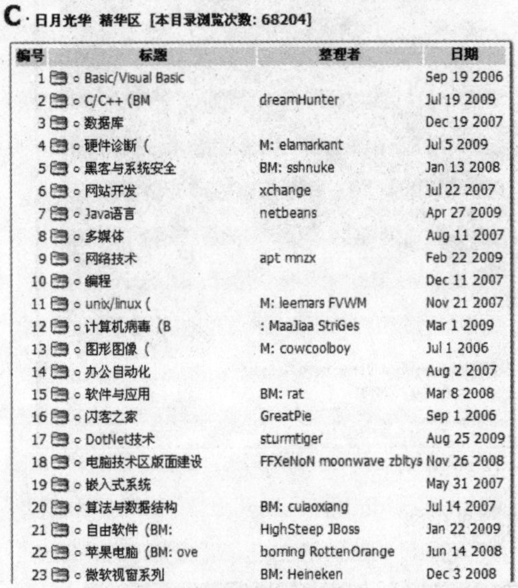

C · 日月光华 精华区 [本目录浏览次数: 68204]

编号	标题	整理者	日期
1	○ Basic/Visual Basic		Sep 19 2006
2	○ C/C++ (BM	dreamHunter	Jul 19 2009
3	○ 数据库		Dec 19 2007
4	○ 硬件诊断（	M: elamarkant	Jul 5 2009
5	○ 黑客与系统安全	BM: sshnuke	Jan 13 2008
6	○ 网站开发	xchange	Jul 22 2007
7	○ Java语言	netbeans	Apr 27 2009
8	○ 多媒体		Aug 11 2007
9	○ 网络技术	apt mnzx	Feb 22 2009
10	○ 编程		Dec 11 2007
11	○ unix/linux (	M: leemars FVWM	Nov 21 2007
12	○ 计算机病毒（B	: MaaJiaa StriGes	Mar 1 2009
13	○ 图形图像（	M: cowcoolboy	Jul 1 2006
14	○ 办公自动化		Aug 2 2007
15	○ 软件与应用	BM: rat	Mar 8 2008
16	○ 闪客之家	GreatPie	Sep 1 2006
17	○ DotNet技术	sturmtiger	Aug 25 2009
18	○ 电脑技术区版面建设	FFXeNoN moonwave zbltys	Nov 26 2008
19	○ 嵌入式系统		May 31 2007
20	○ 算法与数据结构	BM: cuiaoxiang	Jul 14 2007
21	○ 自由软件（BM:	HighSteep JBoss	Jan 22 2009
22	○ 苹果电脑（BM: ove	boming RottenOrange	Jun 14 2008
23	○ 微软视窗系列	BM: Heineken	Dec 3 2008

图 4-5-9　文章列表（一）

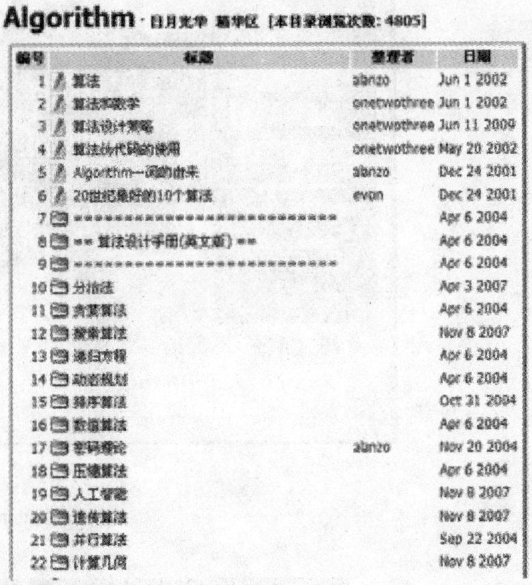

Algorithm · 日月光华 精华区 [本目录浏览次数: 4805]

编号	标题	整理者	日期
1	算法	alanzo	Jun 1 2002
2	算法和数学	onetwothree	Jun 1 2002
3	算法设计策略	onetwothree	Jun 11 2009
4	算法伪代码的使用	onetwothree	May 20 2002
5	Algorithm一词的由来	alanzo	Dec 24 2001
6	20世纪最好的10个算法	evon	Dec 24 2001
7	============================		Apr 6 2004
8	== 算法设计手册(英文版) ==		Apr 6 2004
9	============================		Apr 6 2004
10	分治法		Apr 3 2007
11	贪婪算法		Apr 6 2004
12	搜索算法		Nov 8 2007
13	递归方程		Apr 6 2004
14	动态规划		Apr 6 2004
15	排序算法		Oct 31 2004
16	数值算法		Apr 6 2004
17	密码理论	alanzo	Nov 20 2004
18	压缩算法		Apr 6 2004
19	人工智能		Nov 8 2007
20	遗传算法		Nov 8 2007
21	并行算法		Sep 22 2004
22	计算几何		Nov 8 2007

图 4-5-10　文章列表（二）

（4）如单击“20 世纪最好的 10 个算法”链接，即可浏览该篇文章。如果你是注册用户，可在这里通过单击【回文章】链接，在弹出的网页中给作者回信，这样就可以与作者直接进行讨论。只有作者和板主才可以有权删除和修改文章。注册的用户可以单击【发表文章】链接，在随后出现的网页中发表自己的意见，提交给大家一起讨论。在出现的表单中一次填写用户名、密码、文章主题以及文章的正文，最后单击【发表】按钮就可以将文章发送到讨论区了。对于没有注册帐户的用户，将不支持回信和发表文章等功能。

单击【上一篇】和【下一篇】链接可以浏览与该篇文章相连的上下两篇文章。

4.5.3 网上交谈

网上交谈也是因特网最常见的应用，网上交谈要使用专门的软件，如腾讯公司的 QQ 和微软的 MSN。下面就简单介绍 MSN。

在使用 MSN 时，计算机上必须安装 Microsoft Internet Explorer 5.01 版或更高版本。

1. 下载和安装

下载 MSN 的微软网站地址是 http://www.windowslive.cn，如图 4-5-11 所示，点击【立即下载】，然后再选择一个具体的文件夹，即可开始下载文件。

图 4-5-11 MSN 网站

成功下载之后，双击得到的安装文件，在安装的对话框中点击【下一步】按钮，得到"最终用户许可协议"对话框，接着点击【我接受"许可协议"中的条款】选项，点击【下一步】按钮，即可进行安装，最后单击【完成】按钮安装成功。

2. 注册

在使用 MSN 之前，需要进行注册，MSN 的注册采取了电子信箱的方式，可以在注册时临时建立域名为@hotmail.com、@msn.com、@passport.com 的信箱，也可以用自己原有的 163 和 yahoo、263 等信箱。指定使用哪个信箱注册后，就一步一步获取 MSN 的验证，启动 MSN Messnger 后，点击如图 4-5-12 中的【登录】，如果我们已经申请了信箱并且已经通过了 passport，那么直接在信箱号码和密码框中输入信箱和密码，然后点击【确定】即可登录，如果还没有申请通过 passport，则需要去申请，在如图 4-5-10 MSN 网站点击【注册一个 Passport】，依次输入信息之后即可申请成功。

3. 登录 MSN

申请通过 passport 验证之后，在信箱和密码框中分别输入信箱和密码，点击【确定】按钮即可得到如图 4-5-13 的对话框。

4. 使用 MSN

（1）添加用户。注册完毕并不等于已经拥有了自己可用的 MSN，因为自己的好友名单还是一个空白，为此需要添加联系人。单击"联系人"菜单，选择【添加联系人】，打开"添加联系人"对话框，如图 4-5-14 所示。

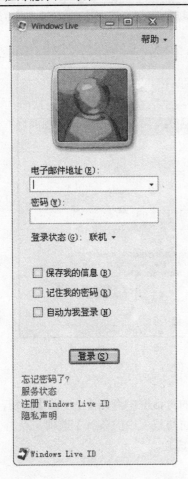

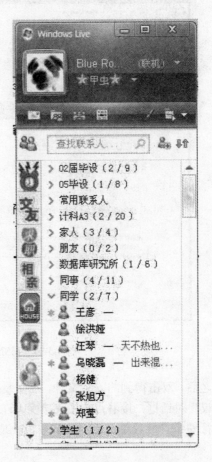

图 4-5-12　MSN 登录对话框　　　　图 4-5-13　MSN 联系人对话框

图 4-5-14　"添加联系人"对话框

在"即时消息地址"栏中输入联系人的地址，在"个人邀请"中写上你邀请对方的问候或你的姓名，以便对方接受你的邀请，在"昵称"中输入你对该联系人实际姓名或称呼，因为光以"即时消息地址"以后会记不住联系人的实际姓名，最后选择把该联系人归入的组（组由你预先创建），单击【添加联系人】按钮就完成联系人的添加了。

当然，只有联系人在线后并且接受你的邀请，该联系人才能成为你以后聊天的对象。

（2）交谈。得到验证之后会发现有的用户其状态显示的是联机，而有的则是脱机，只有联机的用户才能与其交谈，双击一个联机用户后可得到如图 4-5-15 的对话框，在下方文本框中输入想说的话，然后按下回车键（或使用【发送】按钮）即可发送给对方。如果给对方来个图标更能表达此时的心情时，只要单击"图释"，在出现的下拉图（如图 4-5-16）中选择一种即可。当然也可以同时使用多个图标。

图 4-5-15　聊天窗口　　　　　　　　　图 4-5-16　表情图释

4.5.4　接受远程教育

计算机远程教育越来越成为远程教育的主流。计算机远程教育是指利用计算机和通信线路通过计算机和网络实现交互式的学习。学生只需用一台电脑上网即可成为网上学生，在网上学习与交流。师生之间可能远隔万里，老师所面对的也已经不是一个教室的学生，远程教育使我们的学习和生活发生了革命性的变化，我们不能简单地把它视为计算机之间的连接，更主要的是它为我们提供了一种全新的学习方法和生活方式。

远程教育网的实施，将打破我国各类教育的原有格局。对提高教育资源的合理配置和利用率、尽快缩小教育的地区差别、实现教育促优扶贫、提高国民素质，对"科教兴国"战略的实施，都将起到巨大的推动作用。

101 远程教育网（http://www.chinaedu.com）是国内首家中小学远程教育网络。

101 远程教育教学网开设小学三至六年级、初中、高中各年级各门主课和一些课外教育课程。有同步教育、疑难解答、疑难解答共享、老师教案、学生论坛、作文天地、家长学校、中高考专栏、多媒体课堂、学生心理、电脑时代等栏目，给中小学生一个全新的学习环境和学习方式。经过多年的迅速发展，目前用户已遍布全国各省市自治区。

4.5.5 网络图书馆

国内现在最著名的、规模最大的网络图书馆，叫超星数字图书馆（http://www.ssreader.com/），它是国家"863"计划中国数字图书馆示范工程项目，馆内设文学、历史、法律、军事、经济、科学、医药、工程、建筑、交通、计算机和环保等几十个分馆，目前拥有数字图书十多万种。每一位读者只要下载了超星阅览器（SSReader），即可通过互联网阅读超星数字图书馆中的图书资料。凭超星读书卡更可将馆内图书下载到本地计算机上进行离线阅读。

下面我们一起来进入藏书最多、永不闭馆的超星数字图书馆。首先必须安装读书软件SSReader。在超星图书馆网站的首页上即有相关链接，下载后，双击安装，安装过程十分简单，只有下载安装超星图书阅览器 SSReader 才能在超星数字图书馆读书。

SSReader 阅览器与 IE 相似（见图 4-5-17），只是增加了阅读工具，令你更方便地阅读和下载各种在线图书馆的中文资料。

它尽可能地贴近阅读纸质图书的习惯，采用图书馆的传统分类法对资料进行了整理和分类。阅读时有上页、下页、目录页等书页的概念。显示页面可以放大缩小等，这些都是目前其他通用阅览器不具备的。除阅读图书外，超星阅览器还可用于扫描资料、采集整理网络资源等。

另外，书页的网络传输过程也根据图书的页面特点做了专门的压缩和逐渐显示等处理。SSReader 在兼顾本地安全性的同时不但有管理本地资料的功能，而且还有检索、翻页、跳页、标注、书签等功能，比阅读纸质书本更为方便简单。例如，读者可以直接把书的目录打开，迅速跳到想看的地方。如果嫌网页上的字太小，可以把它放大。如果嫌页面上的工具栏占地太多，可以把"全屏"打开。如果实在想感受一下阅览纸质图书的感觉，还可以立即把它打印出来。

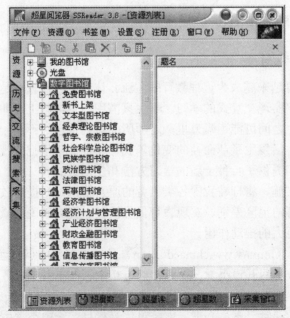

图 4-5-17　SSReader 阅览器

4.5.6　网上购物

1. 网上购物特点

电子商务被称为 21 世纪的生活主流，作为其核心内容的网上购物，除了时尚以外，还能带给我们什么呢？

（1）价格。网上商店购销环节比较少，因此在价格上有优势。这也是大力发展电子购物的原因之一。

目前，国内上网的人几乎都在城市，特别是经济发达地区，人们买东西很方便，所以价格就成了购物最重要的因素。其实在网上商店，越是低值的商品价格优势越小，特别是小商品一类的商品，不少网站特价商品以外的品种还要加收 5～15 元的邮寄费。但是在高价商品中，网上购物的优势就显露出来，也许是因为这类商品的价格回旋余地比较大。

总的来说，不管是哪种商品，价格上会比传统销售方式便宜些。

（2）品种。一般购物网站经营的商品主要有以下三类：

一是和电脑相关的产品，如硬件、软件或者上网卡、网上教学等服务。

二是文化类商品，包括书籍、杂志和唱片。

三是电器，如手机、家电等。

因为这几类产品，像电脑、书籍这样的产品，大多有清晰的标准来划分"好"或者"不好"，而且从价格上看更具有吸引力。而其他商品如服装、食品、鲜花等，在网上却很难简单描述清楚，单看那些图片是很难判断出是否适合自己，所以难以放心购买。不过，随着越来越多的新技术出现，提供的服务将会更多。

（3）送货。各网站大多提供了邮寄、送货上门两种方式。送货上门则要受到地域的限制，一般只在网站所在地送货上门，外地都使用邮寄的方法。网站确认交易大概需要两天，处理及邮寄则需要—个星期左右。也就是说，除了送货上门，从下定单到收到货物，需要耐心等待 10 天左右，当然这 10 天比起以往辗转难求还是值得的。

要找一个既便宜又适合自己的网站并不容易，可是一旦找到，就能体验到普通商场购物所没有的便利。例如，各网站基本上都提供了便捷的搜索和分类功能，只要按照类别或者输入关键字，在各色各样的商品中就能找到自己喜欢的物品。

2. 如何在网上购物

下面介绍网上购物的一般流程：

（1）搜索要购买的商品。现在大部分商品都已经可以在网上定购。像不同的商店卖不同的商品一样，应该到相应的专卖网站去选购，如当当书店（http://www.dangdang.com）就是国内最大的网上书店之一，主要经营文化类商品，如书籍、音像产品。而 263 网上商城，商品有上网卡、衣物、饰品以及电器等，而且在网站上都有搜索功能，只需要按类别输入需要的商品名称，就能在浏览时大大地缩小范围，提高效率。

（2）选购商品。可以在不同的网站比较选择所需要的商品，并且详细阅读该网站的订购条款，了解将能得到的服务和权益，特别是商家承诺的送货方式，避免不必要的损失。

（3）进入结算通道。确定要购买某件商品后，商城会提交一份"购物订单"，请确定。以 263 网上商城为例，当单击购买某件商品后，会显示"购物订单"，单击【去收银台】后，转至会员登录页面，若是进入非会员通道，需要填写顾客资料、收货人资料等信息，有些网站会提示请立即申请成为会员。

（4）填写送货付款单。确认了会员或非会员个人资料以后，将进入填写送货付款单页面，在这个页面里选择付款和送货方式，一种是在线支付，需要有一张已开通在线支付的银行信用卡，另一种是非在线支付，非在线支付可以选择是银行汇款还是邮局汇款，有些网站还可以货到付款，当然，要视送货的地点付出一点手续费。

4.5.7　网络游戏

随着我国互联网的不断发展，网络游戏的热度正急剧升温。如今的游戏基本上都带有"MultiPlay（多人游戏）"的功能，能通过因特网与远方玩家一起玩。不少游戏制作公司在发行游戏的同时，也提供了免费游戏服务器，使玩家可以享受到共同作战或者对战的乐趣。"电脑太笨了，人的最佳对手还是人"。只要连上网，几乎都有真人对手在网络那一头等待你，这类游戏我们称之为网络互动游戏。

通常，通过网络共同作战的的游戏不外乎以下几种：

（1）MUD 类：西游记、笑傲江湖等。
（2）动作类：Quake、反恐精英等。
（3）即时战略类：StarCraft、帝国时代系列等。
（4）冒险类：雷曼、古墓丽影、生化危机等。
（5）模拟类：FlightSimulator、EuropeanAirWar。
（6）棋排类：四国军棋、桥牌等。
（7）赛车类：极品飞车系列、头文字 D 等。
（8）运动类：FIFA Online、NBA Street Online 等。

有些网络游戏对电脑的要求比较高，例如动作类的游戏，不但要求电脑有较高的配置，而且联网速度也很重要。也有像 MUD 游戏，各方面的要求都比较低。若网上游戏的中心在服务器上，则对网速要求比较高，例如联众世界。

虽然游戏公司服务器通常只有该公司的产品，不过这些服务器都是很专业的，运行速度很快，可以同时容纳几千人在上面进行游戏。然而，这些服务器通常都需要随游戏光碟附带的 CD-KEY 才能进入，每个游戏光碟的 CD-KEY 都是唯一的，这杜绝了翻版玩家进入。所以要享受网络对战乐趣的话，要购买正版游戏。

4.6　网络安全与防护

因特网给人们的生活创造了前所未有的便利，也为破坏者提供了一个展示自己的自由舞台，如果不采取防护措施，一不留神就可能造成无法挽回的损失。因此，掌握一些基本的网络安全知识是非常有必要的。本书的第 2 章已经介绍了关于计算机病毒的基本知识，在这里，着重介绍个人上网所涉及的网络安全问题。

4.6.1　常见的网络病毒

在因特网上，由于网络资源的特点是共享，一旦共享资源感染了电脑病毒，网络上各节点间的信息频繁传输会将电脑病毒迅速传染到所连接的电脑上，从而形成多种共享资源的交叉感染。病毒可以通过 E-mail、Web 下载和网络服务器等途径直接地进入到个人电脑中，用户的数据往往在不知不觉中遭到了破坏。借助互联网这个载体，病毒的传播、再生和发作将造成比单机病毒更大的危害。

接下来介绍目前已知的主要网络病毒及黑客程序的特点。

1. 邮件炸弹

"邮件炸弹"是目前互联网上"流行"，对网络安全威胁较大的一种电子邮件攻击病毒。该病毒发作时，在短时间内会有成千上万封电子邮件发往用户的电子邮箱，使电子邮箱的内容很快"胀满"，大大超出邮箱所能承受的负荷。这样，一方面用户的电子邮箱无法再继续接收其他人寄来的电子邮件，另一方面也会因为负荷"超载"而耗费大量的网络资源，导致电脑死机甚至造成网络系统瘫痪。因此，电子邮件炸弹是一种破坏力极其强大的网络病毒。

2. 逻辑炸弹

"逻辑炸弹"是在满足特定的逻辑条件时对目标系统实施破坏的电脑病毒，一般隐藏在具有正常功能的软件中。在正常条件下检测不到这种"炸弹"，但如果特殊的条件出现，则程序会按照完全不同的方式运行，实行破坏。

3. 特洛伊木马

特洛伊木马也称 Trojan，是一种能巧妙躲过系统安全机制，对用户系统进行监视或破坏的软件。

特洛伊木马可以伪装成有用的程序。例如，它可以伪装成系统登录程序，以盗取用户名和密码，并以电子邮件的方式发送给破坏者。它还会在破坏者的遥控下，盗取硬盘上的数据文件、删除文件，甚至格式化硬盘。

4. "蠕虫"病毒

"蠕虫"是一种独立的、能自我复制的网络程序，它会自动地在因特网上寻找目标，把自己发送到目标计算机上，并在那里继续寻找和发送，如此快速扩散，在网络中呈几何级数增长，严重消耗资源，造成计算机运行效率降低甚至完全阻塞。

4.6.2　个人的网络安全措施

由于网络的"开放性"，加上网络和个人电脑系统存在各种漏洞，使个人网络很容易受到各种病毒或木马的攻击，造成系统崩溃、信息资源丢失或损坏。下面就介绍一下个人网络的安全措施。

首先要做到的是建立良好的网络安全意识，以预防为主，宜未雨绸缪，毋临渴掘井，平时要注意养成良好的上网习惯。

在因特网上的诸如聊天室、BBS、新闻组一类的公众场合中要谨慎行事，不要随意泄露自己的情况，要广交朋友，不要四处树敌，招惹不必要的麻烦。

在线时不要向任何人透露个人信息和密码。注意黑客有时会假装成 ISP 服务代表并询问密码，在网上购物时要确保采用的是安全的连接方式。用户可以通过查看浏览器窗口角上的闭锁图标是否关闭来确定一个连接是否安全。

密码设置要尽可能使用字母数字混排，越长越好，单纯的英文或者数字很容易被他人用专门的程序反复试验破解。尽量不要在多种场合设置相同的密码，防止泄露一个而导致全军覆没，重要密码最好经常更换。使用别人的电脑或公用电脑上网要注意保护好自己的账户和密码，不要让系统记忆密码，下线后清除掉历史记录，要警惕别人模拟页面骗取自己输入的账号和密码。

　　系统里一定要安装防病毒、防黑客等防火墙软件并注意升级更新，将防病毒、防黑客当成日常工作，防火墙软件要保持在常驻状态，定时更新防毒组件。要经常检查自己的网络公司的安全网站，扫描你的计算机，查找安全漏洞和病毒。

　　不要好奇地运行某些黑客工具，因为有些程序会在不知不觉中将用户的一些个人信息发到因特网上去。尽量避免下载不知名的软件、游戏程序。即使从知名的网站下载的软件也要及时用最新的病毒和木马查杀软件对软件和系统进行扫描。

　　尽量访问著名的正规站点，不要随意访问一些可疑站点或者不健康网站。最好在使用浏览器的时候，在参数选项中选择关闭计算机接收 Cookie 的选项。

　　在浏览网页（特别是个人网页）时，当浏览器出现"是否要下载 ActiveX 控件或 Java 脚本"的警告时，为了安全起见，不要轻易下载。因为恶意的 Java Applets 程序和 ActiveX 控件能够修改、删除硬盘中的文件，甚至造成系统崩溃或数据丢失。

　　自定义浏览器安全设置，以 IE 8.0 为例，依次选择"工具"、"Intemet 选项"菜单项，在弹出的对话框中单击"安全"选项卡中的【自定义级别】按钮，可以设置禁止（或提示）下载 ActiveX 控件、禁用（或提示启动）Java 脚本及 Cookies 等安全设置。

　　尽量不要下载来历不明的免费软件，以防那些免费提供的软件中隐藏一段足以令电脑系统崩溃的病毒代码。

　　多学习网络安全知识，要掌握网络安全的常用工具的使用。要经常访问安全网站，注意与自己系统有关的安全公告和反病毒公告，及时为自己的系统软件和工具软件打上相应的补丁。

　　不要在电脑在线的情况下离开，随时注意观察屏幕、指示灯是否异常，遇到可疑情况及时向内行请教。

　　电子邮件在给人带来无尽的方便和快捷之时，也成了当今病毒传播的主要工具。那些极具破坏力的病毒，如"梅莉莎"、"爱虫"、"红色代码 II"、"尼姆达"等，都把邮件作为一个重要的传播载体。因此，邮件病毒查杀成为反病毒的重要环节。需要用相应的反病毒软件，在接收邮件的同时实时查杀病毒。

　　对于经常上网的个人用户，及时备份自己的资料是很必要的。虽说有反病毒软件在"保驾护航"，但也不是万无一失、十分安全的。不管反病毒软件也好，防火墙也好，总要慢病毒半拍。现在备份资料的工具比较多，最常用的是软盘，但容量受限，有时还出现文件损坏的情况。如果条件允许，最好用双硬盘、移动硬盘或刻录机刻盘来备份。